空气污染与

KONGQI WURAN YU RENTI JIANKANG

人体健康

郑煜铭　赵红霞　杨少华 ◎主编

经济管理出版社
ECONOMY & MANAGEMENT PUBLISHING HOUSE

图书在版编目（CIP）数据

空气污染与人体健康/郑煜铭，赵红霞，杨少华主编 . —北京：经济管理出版社，2019.11

ISBN 978-7-5096-2226-1

Ⅰ.①空…　Ⅱ.①郑…　②赵…　③杨…　Ⅲ.①空气污染—影响—健康　Ⅳ.①X510.31

中国版本图书馆 CIP 数据核字（2019）第 258309 号

组稿编辑：何　蒂
责任编辑：何　蒂
责任印制：黄章平
责任校对：王淑卿

出版发行：经济管理出版社
　　　　　（北京市海淀区北蜂窝 8 号中雅大厦 A 座 11 层　100038）
网　　址：www.E-mp.com.cn
电　　话：（010）51915602
印　　刷：三河市延风印装有限公司
经　　销：新华书店
开　　本：720mm×1000mm/16
印　　张：16.75
字　　数：193 千字
版　　次：2019 年 12 月第 1 版　　2019 年 12 月第 1 次印刷
书　　号：ISBN 978-7-5096-2226-1
定　　价：39.80 元

编委会名单

主　编：

郑煜铭　赵红霞　杨少华

副主编：

温　霖　钟鹭斌　李　翊　耿　颖

编委会成员：

邵再东　吴仁香　陈江萍　豆　帅

晨　曦　吴道祥　汪文来　杨　桢

孔令海　陶旭光　冯燕青　马佳华

序 言

　　2016 年 9 月，习近平总书记在卫生与健康大会上提出，要把人民健康放在优先发展的战略地位，为实现中华民族伟大复兴的中国梦打下坚实的健康基础。把促进健康中国建设，明确为国家优先发展战略。这个优先顺序的排位，充分体现了党和政府对人民健康的高度重视，充分彰显了以人民为中心的发展理念。

　　2016 年 10 月 25 日国务院印发了《"健康中国 2030"规划纲要》，旨在通过健康中国建设，倡导健康的生活方式，加强健康管理，降低患病风险，进一步提高全民健康素质，强调健康中国的建设，人人有责，人人参与。2019 年 7 月 15 日，国务院又印发了《国务院关于实施健康中国行动的意见》国发〔2019〕13 号文件，开宗明义："人民健康是民族昌盛和国家富强的重要标志，预防是最经济、最有效的健康策略。"13 号文件提出，建立健全组织架构，依托国家爱国卫生运动委员会，成立《健康中国行动推进委员会》，制定印发《健康中国行动（2019-2030 年)》，统筹推进组织实施、监测和考核的相关工作。《健康中国行动（2019-2030 年)》细化了十五个专项指标任务和责任分工，旨在动员各方广泛参与，凝聚全社会力量，落实"健康中国"战略，提出卫生健康相关行业协会、企业、学会和群团组织以及其他社会组织要充分发挥作用，指导、组织健康促进和健康科普工作，通过政府、社会组织、家庭、个人的共同努力，使群众不生病、少生病。

第一，健康是政府的责任。党和政府确定了卫生健康方针、目标和具体责任。党的十八大以来，党中央、国务院高度重视人民健康，确定了以人民健康为中心，坚持预防为主、防治结合的方针，全方位、全周期保障人民健康。政府承担起基本环境、基本医疗、基本公共卫生、基本养老，并动员全社会参与，监督和维护健康市场秩序，营造市场公平环境等责任。

第二，健康是家庭的责任。每一个社区、每一个家庭都应该行动起来，从理念转变开始，养成健康生活习惯，坚持健康生活方式，提高家庭健康素养，履行社会责任。争取每个家庭培养一名"家庭健康指导员"促进家庭所有成员共同提高健康素养。从建设健康家庭开始，建设健康社区、健康街道、健康单位、健康学校、健康企业等，到建设健康县、健康市、健康省，最终建设好"健康中国"。

第三，健康是自己的责任。每个人都应该行动起来，树立维护健康的意识，学习健康的知识、加强健康的自我管理并开展健康互助。自觉养成健康的生活习惯，坚持健康的生活方式，保持健康的饮食和健康的精神状态，尽量少得病，做好早期预防。自觉承担起自己的健康第一责任，提高生活质量和生命质量，不断增强健康获得感和健康幸福感。

第四，健康是健康产业从业者的责任。健康产业的从业者，肩负着不断为消费者提供优质产品和服务的责任，要以健康目标引领高质量发展，以科技创新促进发展，以成果转化带动发展，满足社会不同层次需求，满足各年龄组和不同健康状态人群的健康需求。此外，还应当承担起科技研究和成果转化，开展科普教育和宣传的责任。

第五，健康也是主流媒体的责任。健康产业需要媒企融合促发展。各尽其责，发挥各自优势。主流媒体发挥引领导向、服务大局，成风化人、凝心聚力，澄清谬误、明辨是非，连接中外、沟通世界的作用，这是责无旁贷的。主流媒体能够以事实报道事实，还需要把舆论监督和正面宣传有机地统一起来。本着对人民健康高度负责的态度，激浊扬清，净化市场，促进健康市场规范发展。媒体有发挥独特优势，传播健康科普知识的责任。

第六，健康是协会等社会组织的责任。任务艰巨，协会需"努力从我做起，从现在做起，从我能做到做起"，承担起应尽的社会责任。

总之，健康是全社会的责任。要通过政府、家庭、个人、企业、媒体、协会共同努力，深入实施健康中国行动，最终实现健康中国梦。

"健康中国"建设离不开健康文化建设。健康文化是中华文化的重要组成部分。

中医药是中华民族的瑰宝，贯穿整个民族发展的历史，融汇中国传统文化的精华，是现代健康文化的重要思想源泉。中医药作为我国独特的卫生资源、潜力巨大的经济资源、具有原创优势的科技资源、优秀的文化资源和重要的生态资源，在经济社会发展中发挥着重要作用。中医药是具有原创优势的科技资源，也是我国实现自主创新颇具潜力的领域。加强传统健康文化思想价值的挖掘，对其赋予新的时代内涵非常重要。

谈健康，不能脱离人类的生存环境。如果万物赖以生存的生态环境受到了污染，人类也无法独善其身。空气须臾不能离开，呼吸一刻不能停止。空气无处不在，如果空气受到了污染，人体健康也势必会受到损害。当前我国政府已采取了强有力的空气污染治理措施和政策手段，并已取得显著成效，但短期内还难以做到空气质量根本好转。因此，在这一治理过渡期内，我们一方面要坚定不移地加强空气污染治理；另一方面也亟须重视空气污染的防护，及时为健康止损，把空气污染对人体健康的损害降到最低。

加强对公众积极有效的空气防护，是一项投资小、成本低、效果好的举措。在这方面需要政府不断加强对科技研发、标准制定与产业发展的引领，空气污染健康防护公共政策的制定、落实、监督管理与投入，以及健康防护教育的宣传和引导。就个人来说，提高对空气污染的科学认识、进行积极正确的防护尤为重要。社会各界都有责任，通过各种方式，积极向群众宣传正确的空气污染防护知识，强化个人的健康意识，加强空气污染的自我保护意识与技能，探索和寻求各种方法抵御空气污染对于健康的危害。

为此中国科学院郑煜铭先生、中医科学院赵红霞女士和杨少华先生率领相关专业团队，编写本书，为宣传健康知识，提高大众健康素养，践行社会责任做出了努力和贡献。

本书就空气污染的健康防护问题，从中医药文化中汲取养分，总结经验方法，在继承中创新，探寻健康问题的现代解决方法。通过具有中国特色、适合我国国情和群众生活习俗的养生食材、保健方法与技术的介绍，推广普及健康养生、保健、防病知识，让群众更加深入地了解健康防护知识，提高自身的健康素养。

本书最具价值的部分还在于，将自然环境与人类万物的健康作为整体考量，充分发挥中医文化自信，发掘中医文化的特色，提出了很多具有建设性的观点、建议和方法，也在"人与环境的关系"的问题上给予了深刻的思考：人类需要健康，地球环境也需要健康。

社会在不断向前发展，科学技术也随之不断发展。科技的发展不只服务于人类自身，还要服务于我们生活的环境，服务于我们赖以生存的整个地球。在关注和保护自身健康的同时，我们也有责任保护生态环境的健康，推动"健康中国"和"美丽中国"的实现。

目 录

万物生命之源——空气

　　世界上最珍贵的事物，往往是那些免费而又时常被人忽视的，正如阳光、水和空气，它们是维持世间万物生生不息的根本保障。人可以很长一段时间不饮水、不摄食，但却无法做到长时间不呼吸。空气看不见、摸不着，却执掌着人类每一次呼吸。空气的质量，直接关系到人类的生存，对于赖以生存的空气，您真的了解它吗？

第一节　什么是空气？

　　空气分布于地球表面，是自然界中所有动植物赖以生存的物质之一。在日常生活中，空气和大气的定义通常没有显著差异，但在环境科学领域却将二者区别开来。在环境科学领域里，把供给于一定小区域内的动植物生存所需要的气体称作空气；把距离地球表面较大距离的大范围的气流则叫作大气。大气层的厚度约 1000 千米以上，而地球上动植物生存所需的空气则是距离地表 10~12 千米的部分。

第二节　空气里有什么？

空气由干燥、纯净的空气（干洁空气）和水汽（H_2O）及其他杂质组成。

图 1.1　空气的组成

干洁空气中包含生物呼吸必需的氧气，以及植物光合作用所需的二氧化碳（含量在 0.02%~0.04%），同时还有二氧化硫（SO_2）、氮氧化物（NO_x）等气体。干洁空气透明且无特殊气味，主要由氮气（N_2）、氧气（O_2）、氩气（Ar）和二氧化碳（CO_2）等气体组成，这些气体占干洁空气的 99.97%，其余成分氙（Xe）、氖（Ne）、氪（Kr）、氢气（H_2）、臭氧（O_3）等占干洁空气整体比重不到 0.01%，虽然含量较少，但这些气体对生物的生存繁衍却发挥着重要的作用。

水汽虽然在空气中的占比不高，却是各种复杂天气现象，如云、雾、雪、雨、霜等形成的关键因素，对维持地表温度的相对稳定起着重要作用。

此外，空气中存在着的各种固体悬浮和液体悬浮微粒。这些颗粒的形成包含自然因素和人为因素，即一方面源于岩石风化、火山喷发、流星燃烧、海面浪花等自然源，另一方面主要来自于人类活动对地表物质的燃烧，这其中就包括 PM_{10}、$PM_{2.5}$ 等我们耳熟能详的悬浮颗粒物。

第三节　什么是好空气？

在日常生活中，不同区域、场所的空气质量可能差别甚大。当人们在海滩、山间或旷野游玩时，会感到这些地方的空气格外新鲜，令人身心愉悦、心旷神怡，不同于华灯璀璨的大都市给人留下的喧嚣和憋闷。那些在自然环境里感受到的空气可以称得上是好空气，但在科学定义中，什么样的空气才能称得上是好空气呢？

大气由多种气体组分混合组成，它包含恒定的、可变的和不定的三类组分。地表恒定组分的组成均由氮、氧、氩以及微量的氦、氖、氪、氙和氢等气体组成。可变组分指的是二氧化碳和水蒸气，它们会随着季节变化和所在区域气候条件变化而变化，并且人类活动也会对可变组分产生影响。不定组分即指污染物，大气中不定组分的主要来源有两个：一是由于发生自然灾害所产生的污染物；二是人类生活生产对自然环境所造成的污染，同时这也是造成空气污染的主要原因。

当空气中的各组成成分含量在正常变化范围内且空气中含有相当数量的负离子时，即达到恒温、恒湿、恒氧、恒净，简称"四恒"，这样的空气才是好空气。

图1.2　好空气看"四恒"

第四节　"四恒"锁定好空气

一、恒温

将空气的温度维持在令人感到舒适的范围内，称为恒温，可以通过制冷和制热两个手段实现恒温要求。目前的空调技术主要包括机组、冷源和冷媒。大型建筑物里常用的螺杆机、办公室用的氟机、别墅用的地源热泵和空气源热泵，这些各式各样的机组给制冷技术提供了充分的保障，让人得以体验到恒温的舒适。制热要比制冷稍复杂些，其主要通过两种方式来实现：一种是通过空调换热提供，这个方式和设备制冷原理类似；另一种是通过暖气供热。在我国北部，常见取暖主要通过壁挂炉、锅炉等设备来实现，通过燃烧煤炭和天然气等燃料的形式来获取热量，并通过水流实现热传递；此外也有少部分地区通过地暖获取热量。

二、恒湿

恒湿是指将空气的湿度维持在令人舒适的范围内。按照室内空气质量标准（GB/T 18883-2002），适合人居的环境湿度夏季在40%~80%，冬季在30%~60%。众所周知，由于地理位置、季节以及楼层高度等原因，室内湿度往往无法很好地稳定在舒适范围内，此时若借助除湿机和加湿器便可有效解决该问题。因此在设计中央空调的过程中，添加除湿和加湿的功能，就可同时实现恒温与恒湿。

三、恒氧

恒氧概念是在新风系统进入国内市场时才被提出，目的在于保证室内空气的含氧量处于令人舒适的范围。例如，民用新风系统通过二氧化碳传感器监测室内的二氧化碳浓度，若浓度过高，就会由控制系统传输信号至新风系统，随后风机提高转速，加大风量，通过加快换气频率，达到降低室内二氧化碳浓度的目的。所以在控制恒氧方面，主要依靠两种手段：第一是品质优异的新风系统组；第二是精确的面板控制系统。如传感器的位置和精度等，都会影响新风系统接收到的信号。

四、恒净

恒净概念的提出始于雾霾肆虐的 2013 年，此后人们对室内空气品质的追求又添加了一个因素，即空气的洁净度。洁净这个概念最初是用来描述医院的洁净室，其主要指标是针对颗粒物个数的严格要求。从严格意义上讲，室内空气的洁净度应该囊括颗粒物、气态污染物和病菌三类，只有去除这三类污染物，才可以称得上较佳的室内洁净度。室内洁净度可以通过空气净化器来实现，这包括移动式空气净化器、吊顶式空气净化器以及壁挂明装式空气净化器。

控制空气洁净度，从横向上需要从三点出发，即颗粒物、病菌和气态污染物（去除的难度依次上升）；在纵向上需考虑的是，洁净空气量（Clean Air Delivery Rates，CADR）以及累计净化量（Cumulate Clean Mass，CCM）。

从技术角度而言，"四恒"是可以实现的，但就目前而言，其普及率并不高，因此要在国内大规模应用尚需一段时间。而现阶段，恒温、恒湿控制是较为成熟的技术，在很多民用和商业项目中都可以做到，但在恒氧、恒净方面还需更多的技术积淀。

第五节　判断空气质量的常用方法

根据空气中各类污染物的浓度值，可反映出空气受污染的状况，从而推断空气质量。空气污染现象较为复杂，产生原因较多，最主要的影响因素是人类日常生活排放的污染，如燃料燃烧、工业排放以及垃圾焚烧等。此外，城市的发展规模、所处的地形地貌和当地的气候等，也都会影响空气质量。

方法一：通过肉眼判断空气质量

当今社会，过度依赖科学技术的人们时常会忽视自身的感官机能，而视觉功能往往就是判断空气质量的一项重要工具。

雾霾的主要成分是空气动力学中直径小于 2.5 μm 的细颗粒物，又称 $PM_{2.5}$，这些悬浮微粒会吸收和散射阳光，造成"雾蒙蒙"的视觉效果，也称"视觉遮蔽感"。在用肉眼判断空气质量时，要尽可能多地以远近多个物体作为参照物，若能较为清晰地看清远近参照物，即表示空气质量尚可，当日可以不采取防护措施；当远处参照物模糊，近处参照物有较为明显的"薄雾"遮蔽感时，即属空气轻度污染，建议佩戴口罩出行；而当远处参照物不可见，近处参照物"薄雾"遮蔽又较严重时，此时空气质量即为中度污染，出行必须采取个人防护措施；最后，当远处参照物不可见，近处参照物只能看到轮廓，就属于严重污染，此时应尽量减少外出活动。

方法二：通过数据判断空气质量

通过肉眼可以大致判断当前空气质量的好坏，但若要准确判断空气质量，则还需通过数据。通常用空气污染指数（Air Pollution Index，API）与空气质量指数（Air Quality Index，AQI）来判别空气质量的优劣。

空气污染指数（API），是将规定的几种空气污染物浓度按照一定的公式计算简化为单一的指数值形式，按照环境空气质量标准，从

人体健康和生态环境两个方面进行分级，表示特定区域短期空气质量
状况和趋势。

API 分级计算参考标准为旧版环境空气质量标准（GB 3095-
1996），评价的污染物有二氧化硫（SO_2）、二氧化氮（NO_2）和可吸
入颗粒物（PM_{10}）[1]。选择经过计算的各污染物分指数中最大的数值
作为空气污染指数 API，并将该污染物作为首要污染物。

API 取值范围为 0~500，分为 5 级[2-3]，详见表 1.1。

表 1.1 API 范围及相应空气质量状况

空气污染指数	空气质量状况	对健康影响情况	建议采取的措施
0~50	优	可正常活动	各类人群可正常活动
51~100	良	可正常活动	各类人群可正常活动
101~200	轻度污染	易感人群症状有轻微加剧，正常人群开始出现症状	心脏病和呼吸系统疾病患者应减少体力消耗和户外活动
201~300	中度污染	心脏病和呼吸系统疾病患者症状显著加剧，正常人群普遍出现症状	老年人和心脏病、肺病患者应停留在室内，并减少体力活动
301~500	重污染	正常人群有明显症状，逐渐出现某些疾病	老年人和病人应当留在室内，一般人群应避免户外活动

空气质量指数（AQI），是经由一定的计算得到的能够描述区域
内空气质量状况的指数，用于对大气环境质量进行评价以及污染控制
和管理，根据特定时段内的细颗粒物（$PM_{2.5}$）、可吸入颗粒物
（PM_{10}）、一氧化碳（CO）、二氧化硫（SO_2）、二氧化氮（NO_2）和

臭氧（O_3）等污染物的平均浓度进行计算，得到各自的 AQI 值，取最大值作为该时段的空气质量指数。

AQI 数值越大，表征颜色越深，空气污染状况就越严重，对健康的危害也越大。AQI 空气质量指数可划分为六级[4]，详见表 1.2。

表 1.2　空气质量指数及影响

PM$_{2.5}$ 24 小时浓度均值（$\mu g/m^3$）	空气质量指数（AQI）	空气质量级别	对健康影响	建议采取的措施
0~35	0~50	一级	空气质量状况优异	各类人群均可正常活动
35~75	51~100	二级	空气质量可接受，有些许污染，对极少数异常敏感人群健康有轻微影响	该类人群应减少户外活动
75~115	101~150	三级	空气质量受到污染，正常人群出现轻微症状	儿童、老年人及心脏病、呼吸系统疾病患者应减少户外活动
115~150	151~200	四级	易感人群症状加剧，对少数正常人群心脏、呼吸系统有影响	儿童、老年人及心脏病、呼吸系统疾病患者应避免户外运动，正常人群适量减少户外运动
150~250	201~300	五级	心脏病和呼吸系统疾病患者症状显著加剧，正常人群出现刺激症状	儿童、老年人和呼吸系统疾病患者应留在室内，正常人群减少户外运动
250~500	>300	六级	空气质量严重污染，正常人群有明显强烈症状，出现某些疾病	儿童、老年人和病人应留在室内，正常人群应避免户外活动

目前，《环境空气质量指数（AQI）技术规定（试行）》（HJ 663-2013）将空气污染指数（API）改为空气质量指数（AQI）。两者的区别如表1.3所示。

表1.3　空气污染指数（API）& 空气质量指数（AQI）的区别

	API	AQI
分级计算参考标准	旧版环境空气质量标准（GB 3095-1996）	新版环境空气质量标准（GB 3095-2012）
评价污染物	SO_2、NO_2、PM_{10}	SO_2、NO_2、PM_{10}、$PM_{2.5}$、O_3、CO
发布频次	每天发布一次	每小时发布一次

新版AQI较旧版API监测的污染物指标更为详细和全面，评价结果也更为客观，能更为实时地反映当前区域的空气质量[5]。空气质量指数的预测，可为广大群众出行提供一定参考，特别是对空气状况较为敏感的人群，提醒患有心脏病或呼吸系统疾病的人在空气污染严重的日子里采取适当的预防措施。

参考文献：

[1] 张轶男，向运荣，张毅强．我国与国际空气污染指数系统的比较[J].环境科学学报，2009，8：1604-1610.

[2] 易睿，姚阳．环境空气质量新标准对扬州市空气质量评价结果的影响[J].化学工程师，2013，9：14-15.

[3] 方里．关于环境空气质量新标准实施后对环境空气质量评价的影响[J].污染防治技术，2013，3：93-94.

[4] 环境保护部科技标准司，国家标准．环境空气质量指数（AQI）技术规

定（试行）（HJ 663-2013）［S］.

［5］袁鹰, 刘明源. 浅议空气质量指数（AQI）与空气污染指数（API）的差异［J］. 广州化工, 2014, 12：164-166.

健康隐形"杀手"——空气污染

空气对人体健康无比重要，新鲜空气中约含有21%的氧气，这是维持生命最重要的物质。当氧气含量减低，就会造成人体缺氧，当空气中含氧量降到12%时，人体会感到呼吸困难；在降到7%~8%以下时，便会危及生命。此外，即使氧气含量减少幅度不大，但若空气受到有害气体或有害颗粒物质的污染，亦会对人体健康造成各种危害。一名健康成年男性每天大约需要呼吸15 m³ 的空气，若空气受到污染，人体吸入大量的污染空气，定会严重危害身体健康。

第一节　人体健康的隐形"杀手"

固定的空气组分对地球生命的延续非常重要，但随着工业发展，排放到空气中的污染物，改变了空气中的成分和比例，造成空气污染。空气污染会破坏生态系统、影响动植物正常生长、对人体健康产生巨大威胁。

按照国际标准化组织的定义，空气污染通常是指由于人为活动或自然过程引起某些物质进入大气中，呈现出足够浓度，达到足够时间，并因此危害到人体舒适、健康或环境的现象。

据2018年5月2日"北京—世界卫生组织"在瑞士日内瓦发布的报告指出：全球约90%人口所生活的空气中含有高浓度污染物。在

图 2.1 空气污染：无声的杀手

资料来源：https：//www.who.int/phe/infographics/air-pollution/zh/index1.html.

2016年，仅因室内外环境空气污染就造成了全球700万人死亡。此外，报告显示在中国每年有约200万人因为室内外空气中的细颗粒物污染而死亡，这些细颗粒物能够进入肺和心血管系统，进而导致心脏病、中风、肺癌、慢性阻塞性肺病和呼吸道感染。在这些死亡案例中，报告估计超过100万人死于环境空气污染，而由于使用非清洁燃料和技术烹饪造成的室内空气污染导致了同期另外将近100万人的死亡[1]。

空气污染会对人体健康造成极大伤害，不仅在一定程度上增加了呼吸系统、免疫系统疾病的发生率，还直接增加了死亡率；不仅破坏环境，还会带来巨大的经济损失、降低生活幸福感。

有专家运用基于流行病学的暴露反应功能，对上海市2001年空气颗粒物对人体健康危害进行经济损失评价，数据显示年损失可折合6.254亿美元，相当于上海市总产值的1.03%；同时，北京每年由于颗粒物污染损失的劳动日高达3000万～4600万[2-3]。

发达国家在过去百年工业化进程中出现过诸多典型的环境污染事件，并因此造成了严重的人体健康问题，并且这些现象也均集中出现在了中国近二三十年的高速发展过程中。因此空气污染问题已经成为中国国民近十年来密切关注的热点，也成为国家环境治理的重中之重。

从空间区域角度划分，可将空气污染归为室内污染和室外污染。室内空气污染是指在相对密封或完全封闭的空间内，空气中的有害物质浓度达到或超过国家规定的安全值，可造成身体伤害，甚至出现生命危险，如甲醛、苯系物等。室内空气污染不仅指我们生活的居室，也包含办公室、学校、宾馆、商场、餐馆、车间及各种公众场所[4]。室外空气污染是指在开放空间空气中的有害物质浓度达到或超过国家规定的安全值，对生态环境造成一定破坏、进而影响到动植物正常生长、甚至威胁生命健康。室外空气污染和室内空气污染在污染物类型、来源、危害上有相似之处，但也有许多不同，两者联系紧密。

第二节　空气污染的来源

　　室内空气污染来源广泛，涉及生活中的各个方面。室内建筑和装修材料会释放甲醛、苯等挥发性有机气态污染物、放射性气体等；日常所用的洗涤剂、空气清新剂等含有挥发性有机气态污染物；一些办公设备如打印机、复印机等，可导致臭氧产生；人们在室内的各种活动，如烹饪、吸烟等均会大量地释放颗粒物和多环芳烃类物质；长期使用未经常换洗的毛毯、地毯、窗帘会滋生大量病菌，引发室内空气微生物污染；此外，多数室外空气污染物能通过通风管道、门窗和房屋缝隙进入室内，也会造成甚至加剧室内空气污染。

　　室外空气污染主要分为自然源和人为源，自然源包括一些自然灾害，如动植物代谢、森林火灾、火山喷发等产生的污染物，以及地球本身存在的放射性核素所释放的放射性气体。一些动植物在生长代谢过程中会释放一定的挥发性有机气态污染物；在森林火灾发生过程中会产生大量的颗粒物、碳氢化合物、氮氧化物、硫氧化物、二氧化碳、一氧化碳等，可导致局部严重的空气污染；火山喷发也会在局部造成灰尘等颗粒污染物和气态污染物（二氧化硫、硫化氢和甲烷等）的大量释放。而造成室外空气污染物的人为源主要包括交通运输、工业生产、火力发电、农业活动和垃圾焚烧等人为活动。

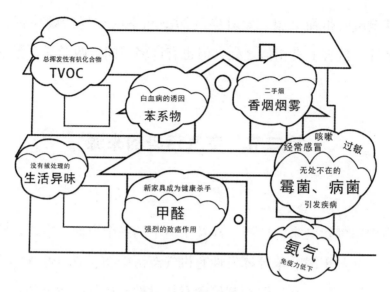

图 2.2　室内空气污染

图 2.3　室外空气污染来源

资料来源：https：//www.who.int/phe/infographics/air-pollution/zh/index1.html.

第三节 隐形 "杀手" 的 "朋友圈"

空气污染物种类多、基数大，分类的标准也存在较大差异。按照空气污染物形成过程，可分为一次污染物和二次污染物；根据污染物存在形态，可分为颗粒污染物和气态污染物。

分类一：一次污染物和二次污染物

一次污染物是指从污染源直接排放的污染物质，如二氧化碳（CO_2）、一氧化氮（NO）、二氧化氮（NO_2）、二氧化硫（SO_2）及颗粒物等。有些一次污染物性质稳定，在空气中基本不参与反应或者反应缓慢；而有些一次污染物性质较为活泼，易与其他物质相互作用生成新的物质。二次污染物是指较活泼的一次污染物在光和热等条件下，与其他物质相互作用生成新的大气污染物，其毒性往往比一次污染物更强，对环境健康的威胁和危害更大。例如：当空气湿度较大时，二氧化硫会转化为硫酸雾，二氧化氮会形成硝酸雾；当在光照条件下，空气中的碳氢化合物和氮氧化物会相互反应生成光化学烟雾。

分类二：颗粒污染物和气态污染物

颗粒污染物可分为非生物粒子和生物粒子，按照颗粒粒径可划分为总悬浮颗粒物（TSP）、降尘、可吸入颗粒物（PM_{10}）、粗颗粒物（$PM_{2.5} - PM_{10}$）、细颗粒物（$PM_{2.5}$）和超细颗粒物（$PM_{0.1}$）。

总悬浮颗粒物（TSP）：指空气动力学直径小于等于 100 μm 的颗粒物；

降尘：指空气动力学直径大于 10 μm 的颗粒物；

可吸入颗粒物（PM_{10}）：指空气中空气动力学直径小于 10 μm 的颗粒物，也指可以经口鼻进入呼吸道的全部颗粒物；

粗颗粒物（$PM_{2.5}$－PM_{10}）：指空气动力学直径介于 2.5～10 μm 的所有可吸入的颗粒物；

细颗粒物（$PM_{2.5}$）：指空气动力学直径小于 2.5 μm 的所有颗粒物，又被称为可入肺颗粒物，可经呼吸道进入机体肺泡，甚至血液中；

超细颗粒物（$PM_{0.1}$）：指空气动力学直径小于 0.1 μm 的颗粒物，其对人体的危害性最大。

气态污染物主要包括：无机气态污染物，如一氧化氮（NO）、二氧化氮（NO_2）、二氧化硫（SO_2）、一氧化碳（CO）、二氧化碳（CO_2）和臭氧（O_3）等；有机气态污染物，如甲醛（HCHO）、苯系物、烷烃以及烯烃等挥发性有机气态污染物（VOCs）；放射性气态污染物，主要是指氡气（Rn）及其子体。

一、颗粒污染物

颗粒物又称尘，是指均匀分散的各种固体或液体微粒。

1. 非生物粒子

非生物粒子可划分为一次颗粒物和二次颗粒物。一次颗粒物是指由污染源直接排放到环境并造成大气污染的颗粒物，如道路灰尘、工厂燃烧粉尘等。二次颗粒物是指由大气中某些无机及有机污染气体，如氮氧化物、硫氧化物、碳氢化合物等气体自身或与空气中的其他组分相互作用生成的颗粒物，常见的有硝酸盐、硫酸盐和铵盐等。在我国某些地区，二次颗粒物占 PM_{10} 浓度达到 25% ~ 40%，已引起广泛重视[5]。

在各类颗粒物中，人们关注的颗粒物主要有 $PM_{0.1}$、$PM_{2.5}$ 和 PM_{10}。其中，PM_{10} 和 $PM_{2.5}$，可经过口鼻进入人体，会伤害人体呼吸系统，影响肺部正常运转，长期作用甚至会诱发肺癌，危及生命。此外，PM_{10} 和 $PM_{2.5}$ 也与雾霾的产生密切相关，是生成雾霾的主要元凶之一。雾霾不仅会对动植物的生存形成威胁，更会对生态平衡造成严重破坏。近年来，随着检测技术的发展，$PM_{0.1}$ 正逐渐进入人们的视野，作为 $PM_{2.5}$ 的主要组成部分，$PM_{0.1}$ 可通过呼吸作用进入人体肺部，甚至进入血液，从而直接危害人体的免疫系统、神经系统及生殖系统。

世界卫生组织建议：$PM_{2.5}$ 和 PM_{10} 的年平均值分别为 10 μg/m³ 和 20 μg/m³[6]。

$PM_{2.5}$ 和 PM_{10} 的组分极其复杂，几乎包含已知的全部元素，涉及超过 30000 种以上的有机和无机化合物，包括各类无机盐（硫酸盐、硝酸盐）和炭黑等。

$PM_{2.5}$ 和 PM_{10} 来源广泛，大部分由自然源产生，但在人口密集的城市、工业发达的城镇，人为源 "贡献" 的比例大幅度提高。

我国 $PM_{2.5}$ 和 PM_{10} 的来源主要有：扬尘（土壤尘、建筑尘、道路尘）；燃煤（煤烟尘、二次颗粒物）；工业排放（钢铁屑、贵金属颗粒）；机动车尾气排放（炭黑、二次颗粒物）；生物质燃烧（有机物、炭黑）；VOCs、SO_2、NO_x 经过一系列化学反应产生的二次颗粒物[7]。

2. 生物粒子（空气微生物）

空气微生物是指悬浮于空气中的微生物，主要包括霉菌、真菌、细菌、病毒、孢子和花粉等微粒。

目前空气中已知的真菌有 40000 余种，细菌有 1200 余种，常见的有色串孢属等野生酵母、好氧性杆菌（如枯草芽孢杆菌）及青霉等霉菌的孢子等[7]。

空气中的微生物是维持生态系统健康的重要组成单元，同时也是造成环境污染及引发疾病的主要源头。因为黏附在动植物、人体及土壤的微生物可以附着到颗粒物上，并以气溶胶的形式散播于空气中，通过人体的呼吸作用进入体内，诱发各类疾病。此外气溶胶的产生也是产生雾霾的元凶之一。

空气中的微生物气溶胶具有 6 大显著特征：种类多样性、来源多相性、播散三维性、沉积再生性、感染广泛性和活性易变性[8]。

空气中微生物来源广泛，可分为自然源和人为源。在人为源中，人类的生产生活是造成空气微生物污染的主要原因，如畜牧养殖、工业生产、生活垃圾固废处理、交通运输及食品加工等。室内空气微生物污染主要来源于易于滋生微生物的地点和物品，如房屋死角、室内窗帘、棉毛地毯和家具家电等。

影响空气微生物数量的原因有很多，如气流、气温、湿度、人为因素及天气变化等。气流越慢，温度和相对湿度越低则空气中细菌数量越少[9]。在空间上，因为自然降尘作用，接近地面空气中的微生物含量较高。室内微生物浓度具有显著的季节特征，通常春季和夏季浓度较高，秋季和冬季较低。一般在医院、街道及养殖场等人口相对密集或特殊用途场所，微生物种类和数量较多，而在偏远地区或者高山、大海、荒漠等自然区域，微生物种类和含量较少。空气中一般没有病原性微生物，但在医院、养殖场等场地附近的空气中常常会有病原性微生物的存在，会威胁周边人群和动物的健康[10]。

二、气态污染物

1. 挥发性有机气态污染物（甲醛、苯系物等）

世界卫生组织（WHO，1989）对总挥发性有机化合物 TVOC（Total Volatile Organic Compounds）的定义是：熔点低于室温，沸点范围在 50~260℃ 的挥发性有机化合物的总称。挥发性有机化合物 VOCs（Volatile Organic Compounds）组成十分复杂，包含烷类、芳烃类、苯类、烯类、酯类、醛类、卤烃类、酮类等。

VOCs 的主要来源：在室外主要来自交通运输及工业燃料燃烧产生的废气、机动车尾气以及光化学污染等；而在室内则主要来自燃料燃烧、烹调、吸烟、家用电器、清洁剂等的排放[11]。近年来，随着国内家用汽车数量的增长和人们对空气污染重视程度的增加，机动车中的 VOCs 污染的关注度也越来越高。车体内 VOCs 污染主要是因为在高温环境下，车内配件和装饰物可释放大量 VOCs。当空间狭小的车内空间长期处于封闭状态，就可能会造成车体内 VOCs 浓度严重超标，该问题在新购买的汽车中表现尤为明显。汽车内 VOCs 来源主要包括涂料、胶黏剂、皮革制品、织物、地毯、衬背、坐垫等。

VOCs 对人体和生态环境具有很大危害，当其浓度超过一定量时，人们会在短时间内感到头痛、恶心、呕吐、四肢乏力，严重时甚至会抽搐、昏迷、记忆力减退；长时间暴露于高浓度 VOCs 环境中会伤害人体的肾脏、肝脏、大脑和神经系统[12]。此外，空气中的 VOCs

在强光的作用下会发生光化学反应生成臭氧（O_3）、气溶胶等二次污染物，进而引发并加重光化学烟雾和雾霾等大气污染问题。

VOCs 所包含的污染物种类繁多，人们通常关注的污染物类型如下：

（1）甲醛（HCHO）

甲醛，无色气体，有特殊刺激性气味，其 40%~55% 水溶液就是福尔马林。甲醛污染一直是近年来人们所关注的焦点，易对人体造成巨大伤害，由于甲醛污染造成的白血病等疾病的发生正呈逐年递增的趋势。

甲醛来源广泛，但其造成的污染问题却普遍集中在室内。室内甲醛来源主要有以下几点：

1）装修房屋。如居室、厂房等用到的各类人工板材，包括高密度纤维板、细木工板、低密度刨花板、有机胶合板及无机胶合板等。装饰所用的人造板材多是利用胶黏剂将木材加工过程中剩余的边角料经机械黏合而成，这些胶黏剂大部分是脲醛树脂或改性的脲醛胶，虽然黏结效果非常好，但是在光照、高温等条件下会分解释放大量甲醛。

2）人造板家具。虽然国家对家具的生产有严格的质量标准，但仍有一些不法商家为追逐高额利润，使用成本低廉但甲醛释放量超标的板材或胶水，导致室内甲醛浓度超标。

3）装修涂料、油漆、壁纸以及化纤地毯等材料。其中涂料一般指乳胶漆，其主要成分是丙烯酸，在制备过程中需要用含有大量的甲醛的乳胶作为稀释剂。油漆和壁纸等也都含有胶水，在建筑行业中流传的一句话叫"无醛不胶"，也表明它们均含有甲醛，只是含量上存在差异。

4）室内烹饪所用煤炭和天然气燃烧、吸烟、洗涤剂及室外工业和汽车尾气等产生的甲醛气体也是甲醛污染的重要来源。

（2）苯系物

苯系物指苯及其衍生物的总称，广义上的苯系物包括全部芳香族化合物，主要有苯、甲苯、二甲苯、乙苯以及苯乙烯等。苯系物是空气中主要的挥发性有机气态污染物，有十分严格的室内外浓度标准。很多苯系物具有刺激性，有毒性，会直接危害人体，长期接触可诱发白血病和癌症。另外，很多苯系物易引发光化学烟雾，会对环境造成严重的二次污染。

苯系物来源主要包括：家具中的黏结剂、涂料、油漆、有机溶剂和汽车尾气。

a. 建筑装修材料中的有机溶剂：家庭装修中会用到多种化工材料，如涂料、油漆和人工板等。其中，苯、甲苯、二甲苯等是油漆和涂料生产中不可或缺的溶剂；人造板中用的胶黏剂多使用甲苯作为溶剂，其甲苯的含量超过30%。

b. 汽车尾气：几乎所有的机动车汽油中，均含有5%左右的苯，而某些特制机动车燃料中，苯含量高达30%。在机动车行驶过程中，汽车燃料不完全燃烧会产生大量的苯系物并排放到空气中，从而造成空气污染。

2. 含氮无机气态污染物（氨、氮氧化物）

空气中的氮化物主要包括氨气和氮氧化物等。

（1）氨气（NH_3）

氨气是一种无色气体，带有强烈刺激性的恶臭气味，易被液化为无色透明液体，极易溶于水、乙醚和乙醇。氨气广泛应用于轻工、化工和化肥领域，具有广泛的应用价值。此外，氨气是世界上产量最高的无机化合物之一，也是很多肥料和食物的重要组成部分。

人类对氨气的可感最低浓度是 3.04 mg/m³；每天 8 小时工作在氨气环境中的养殖人员对氨气的耐受极限浓度是 19 mg/m³；而在 26.6 mg/m³ 的氨气环境下工作不能超过 15 分钟[13]。

室内氨气来源比较集中，主要来自于房屋建造过程中为了提高混凝土的凝固速度所添加的高碱性混凝土膨胀剂，以及在冬季施工过程中，为了防冻，在混凝土中添加的防冻剂，所使用的原料主要是氨水和尿素，在后续居住的过程中，氨气会缓慢地从墙体中释放出来，引发室内氨气污染，且当在温度升高时，氨气的释放速度将会加快。此外，室内家具涂料添加剂也含有氨水，这些氨水会随着时间推移缓慢释放到空气中，造成室内空气污染，对人体健康造成极大的威胁。室外氨气主要有两种来源，一方面是自然界土壤细菌的固氮作用，会将多余的氨气释放到空气中；另一方面是来自汽车工业、畜牧业、化石燃料燃烧以及化肥厂的排放。据统计，在全球范围内，畜牧业产生的氨气量约占氨气总排放量的 50%。

大气环境中的氨气在降雨过程中可转化为铵根离子，水中铵根离子超标会导致水体富营养化，进而破坏水体原有的生态平衡，影响水中动植物的正常生长。另外，氨气在大气环境中能与硫氧化物、氮氧化物等污染物相互作用形成硫酸铵和硝酸铵等颗粒物，这些二次颗粒物的产生是形成雾霾的主要元凶之一。

（2）氮氧化物（NO_x）

氮氧化物种类繁多，其中比较常见的有一氧化氮（NO）、二氧化氮（NO_2）、一氧化二氮（N_2O）、三氧化二氮（N_2O_3）、四氧化二氮（N_2O_4）和五氧化二氮（N_2O_5）等。在这些 NO_x 中，除 NO_2 以外，其他 NO_x 均极不稳定，容易分解生成 NO_2 及 NO，其中 NO 极易与空气中的氧气反应生成 NO_2。通常，人们所说的 NO_x 主要指 NO 和 NO_2，其中 NO_2 占主体。NO_x 不仅会形成酸雨，对地表动植物及建筑物造成伤害，同时也会与挥发性有机污染物、碳氢化合物及臭氧发生光化学反应，加速臭氧层的破坏，造成严重的光化学烟雾污染，并导致雾霾的发生。

从全球范围看，NO_x 主要来源于自然界中微生物对有机物的分解。但城市中的 NO_x 污染主要还是来源于人类生产生活，如机动车尾气、工厂废气、化石燃料燃烧、冶金产业和氮肥厂等，因此室内的 NO_x 污染主要来源于室外。

3. 含硫无机气态污染物（二氧化硫与硫化氢）

（1）二氧化硫（SO_2）

二氧化硫是最常见的硫氧化物，无色，有强刺激性气味，是大气主要污染物之一。二氧化硫溶于水形成的亚硫酸是酸雨的主要成分（酸雨是指 pH 值小于 5.6 的雨雪或其他形式的降水）。近年来在我国很多地区出现过酸雨，中国已经成为继北美和欧洲之后第三大酸雨地区，且其中以硫酸雨为主。酸雨的产生不仅时刻威胁着地球上动植物的生存，同时对生态环境造成严重的威胁，其对土壤、文物古迹、建筑、雕塑、森林、农作物、织物等都有很大的危害。

二氧化硫主要来源于人为活动。大多数二氧化硫来自化石燃料燃烧，含硫矿石冶炼和机动车尾气排放。研究表明，接近 90% 的二氧化硫是由含硫煤燃烧产生，所以煤炭的脱硫是减少二氧化硫排放的重要途径[14]。

（2）硫化氢（H_2S）

硫化氢在常温常压下是一种易燃的酸性气体，无色，可溶于水，有毒性。当空气中硫化氢浓度达到 1.5 mg/m³ 时会有明显的臭鸡蛋气味，但当其浓度过高时反而会麻痹人的嗅觉。硫化氢属于易燃危险化学品，与空气以一定比例混合会形成爆炸性混合物，在遇到明火、高热时甚至会引起燃烧、爆炸。我国居住区大气中硫化氢的最高容许浓度为 0.011 mg/m³（一次值）。

室内硫化氢主要来源于粪便和生活垃圾的降解，当室内下水道不能进行有效隔断时，也会造成硫化氢气体进入室内，不仅有异味感，还会造成室内污染。室外硫化氢主要来源于工业生产，如石油精炼、人造纤维、污水处理、硫化染料、造纸、煤气制造等生产过程。

4. 碳氧化物（一氧化碳和二氧化碳）

一氧化碳（CO）和二氧化碳（CO_2）是大气环境中主要存在的两种碳氧化物，对动植物和生态系统均有深远影响。

（1）一氧化碳（CO）

一氧化碳无色、无臭、无刺激性且不易被感知，是大气中数量最多，分布最广的污染气体，其来源于含碳物质燃烧不完全时产生的中间产物。由于城市化的不断推进，交通运输业和工业的高速发展，导致近年来一氧化碳排放量逐年增加，污染浓度不断增高。另外，室内烹饪等产生的一氧化碳不仅污染室内环境，同时也会对外界环境造成污染。此外，像自然灾害，如森林火灾和火山爆发等都是造成局部大气环境中一氧化碳浓度升高的原因。

一氧化碳极易与人体中的血红蛋白结合，使血红细胞丧失携氧能力，造成人体缺氧甚至窒息死亡。人们通常无法察觉到一氧化碳的存在，往往只有当人处于高浓度一氧化碳环境中，发生中毒陷入昏迷后才被发现，极易造成重大伤亡。我们生活中常说的"煤气中毒"就是指一氧化碳中毒。据统计，全国每年一氧化碳中毒者达到数万人。一氧化碳很早就被美国消费产品委员会列为"隐形杀手"，并提醒民众要谨慎对待。

（2）二氧化碳（CO_2）

二氧化碳在常温常压下呈无色无味的状态，是空气中常见的化合物。二氧化碳可参与光合作用，是植物生长必不可少的碳源，但大量释放的二氧化碳也会形成温室效应，导致全球气候变暖、两极冰川融化、海平面升高，严重威胁动植物和人类的生存环境。二氧化碳不仅会影响生态环境，还会对人体健康造成不同程度影响。低浓度二氧化碳对人体呼吸中枢有刺激作用，高浓度二氧化碳会在一定程度上抑制人体呼吸中枢，而极高浓度的二氧化碳却会麻痹人体呼吸中枢。

二氧化碳广泛存在于自然界，不同地区二氧化碳的来源形式也不尽相同。室外二氧化碳主要来源于建筑排放、汽车尾气排放、化石燃料燃烧、火电厂排放以及生物质燃烧；室内二氧化碳主要来源于民用燃料燃烧、呼吸代谢作用和吸烟等与人生活密切相关的活动。

5. 臭氧

臭氧（O_3）又称为超氧，是氧气（O_2）的同素异形体，其稳定性差，会缓慢地自然分解成氧气。在常温常压下，臭氧是一种具有强氧化性并伴有特殊臭味的淡蓝色气体。臭氧通常主要分布在1万~2万米高度的大气平流层中，大气平流层中臭氧的存在可以有效吸收阻挡太阳光中的紫外线，使地球上的动植物免受高能紫外线的伤害，从而得以健康生长、繁衍，所以臭氧可以说是地球上生命的保护伞。然而，近年来研究者发现，近地表大气臭氧浓度出现频繁超标，其会对生态环境和人体健康产生诸多负面影响。

臭氧来源广泛，大体上可分为天然源和人为源。天然源主要是指由高空中流入近地表的臭氧，以及一些氧气在闪电条件下生成的臭氧，还有微生物的排放；人为源主要是指石油化工、燃煤发电以及机动车排放的氮氧化物和挥发性有机气态污染物等一次污染物，经过复杂的光化学反应所产生的二次污染物。

在过去 20 年里，伴随我国快速的工业化和城市化发展，大量污染物质被释放到大气中，室外空气臭氧浓度正以更高速率增长，日益威胁生态环境与人体健康。近年来我国的臭氧污染问题已经逐渐受到广泛关注，特别是在经济活跃和人口稠密的地区，臭氧污染问题已日益凸显。

在 2012 年，我国新修订的《环境空气质量标准》增加了臭氧的控制标准：根据环境空气质量标准，空气中臭氧浓度一级限值为 100 $\mu g/m^3$（日最大 8 小时平均），二级限值为 160 $\mu g/m^3$（日最大 8 小时平均）；当臭氧 1 小时平均浓度超过 200 $\mu g/m^3$ 时，意味着臭氧开始造成污染。另外，国家卫生部规定的臭氧安全浓度为 100 $\mu g/m^3$，工业卫生标准为 150 $\mu g/m^3$，劳动保护部门规定在安全浓度下允许工作不超过 10 小时[15, 16]。

三、放射性气态污染物

放射性污染是指由于人类活动造成的人体、场所、物料、环境介质内部或者表面出现超过国家规定标准值的放射性物质或者射线。大气放射性污染是指由放射性物质组成的放射性细小颗粒物和气体造成的大气污染。自然界中放射性元素分布广泛，且种类繁多，主要包括三个系列：铀系、锕系和钍系，其母体分别为238U、235U 和232Th。通常这些母体核素半衰期较长，但它们在衰变过程中却会释放出一种放射性气体氡（Rn）；氡没有稳定同位素，会自然衰变为214Bi、214Po 和214Pb 等短寿命子体。室外的氡及其子体主要来源于土壤、水体、岩石以及煤炭燃烧；而室内空气中的氡及其子体主要来源于燃煤、建筑及装修材料。人们使用的建筑材料中常含有微量放射性元素镭和钍。

氡是世界卫生组织（WHO）公布的 19 种主要致癌物质之一[17]。据 1982 年联合国辐射效应科学委员会统计表明，在世界正常本底地区（生活环境本身存在的辐射处于正常水平的地区）每年吸入的氡及其子体产生的辐射剂量约占人类所受全部天然辐射剂量的一半[18]。如果封闭房间长时间得不到通风，就有可能导致室内氡含量超标，例如在档案室等需要长时间保持固定温度和湿度的封闭房间里，就会时常存在氡及其子体超标的问题[19]。

目前，无论是室内空气污染还是室外空气污染，包括中国在内的很多国家和地区仍处于危险水平。伴随着社会发展，空气污染如影相随，但就客观而言，这也是个全球性问题，治理必将是个长期过程。人们不能坐以待毙，需要先充分了解我们赖以生存的大气环境，辨别和找到真正行之有效的方法，以此降低空气污染对人体的伤害。

参考文献：

［1］唐魏. 人类社会发展与空气污染［J］. 生态经济，2018，7（34）：2-5.

［2］Pope Ⅲ C. A，Burnett R T，Thun M J，et al. Lung cancer，cardiopulmonary mortality，and long-term exposure to fine particulate air pollution［J］. Journal of the American Medical Association，2002，287（9）：1132-1141.

［3］Kan H，Chen B. Particulate air pollution in urban areas of Shanghai，China：Health-based economic assessment［J］. Science of the Total Environment，2004，322（1-3）：71-79.

［4］张淑娟. 室内空气污染概论［M］. 北京：科学出版社，2017.

［5］胡敏，唐倩，柴发合等. 我国大气颗粒物来源及特征分析［J］. 环境与可持续发展，2011（5）：15-19.

［6］周莉薇. 细微大气颗粒物 $PM_{2.5}$ 概况的研究［J］. 洁净与空调技术，2017（2）：74-79.

［7］Song L H，Song W M，Shi W，et al. Health effects of atmosphere microbiological pollution on respiratory system among children in Shanghai［J］. Journal of Environment and Health，2000，17（3）：135-138.

［8］孙平勇，刘雄伦，刘金灵，戴良英. 空气微生物的研究进展［J］. 中国农学通报，2010，26（11）：336-340.

［9］姚应水，芮光来，操基玉. 大学生宿舍空气中细菌污染及影响因素研究［J］. 中国学校卫生，2001，22（1）：82-83.

［10］唐小兰. 空气微生物污染的危害与防护技术发展［J］. Chinese Journal of Disinfection，2015，32（12）：1238-1240.

［11］Zhang X，Gao B，Creamer A E，et al. Adsorption of VOCs onto engineered carbon materials：A review［J］. Journal of Hazardous Materials，2017，338：102-123.

［12］Li H，Chen L，Guo Z，et al. In vivo screening to determine neurological hazards of nitrogen dioxide（NO_2）using wistar rats［J］. Journal of Hazardous Materials，2012（225）：46-53.

[13] 彭焕伟，沈亚欧. 畜禽生产中氨的危害及防治措施［J］. 饲料工业，2005，26（13）：54-59.

[14] 张伟勤. 酸雨的危害及其防治策略［J］. 研究与探索，2003，6（26）：741.

[15]《国家卫生部对臭氧安全浓度的规定》，2014-04-17.

[16] 环境空气质量标准（GB 3095-2012）［S］.

[17] 孙世荃. 人类辐射危害评价［M］. 北京：原子能出版社，1996：156-168.

[18] 联合国原子辐射效应科学委员会1982年报告. 电离辐射：源与生物效应［R］.

[19] 卢新卫. 室内空气中氡的来源、危害及控制措施分析［J］. 桂林工学院学报，2004，1（24）：87-92.

第三章
空气污染对人体的危害

空气中的污染物种类繁多，化学成分复杂，被污染的空气会对人体造成诸多危害。美国癌症协会收集长达 16 年的受空气污染影响的近 50 万美国人口死亡统计数据，结果发现：空气中 $PM_{2.5}$ 每升高 10 $\mu g/m^3$，人群的总死亡率、心肺疾病死亡率和肺癌死亡率就会分别增加 4%、6% 和 8%[1]。

人体长期暴露于空气污染环境中会引发多种疾病，如咳嗽、哮喘、上呼吸道感染、支气管炎、肺炎、肺气肿等；也会导致心跳、心率发生不规则变化，引发冠状动脉疾病、心肌梗死、心脏病等；还会影响免疫功能，增加患癌率，增高死亡率[1]，尤其对妇女、儿童和户外工作者来说，罹患疾病的概率更大。

图 3.1 易受空气污染损害的人群

资料来源：https：//www.who.int/phe/infographics/air-pollution/zh/index1.html.

第一节 颗粒污染物对人体的危害

一、非生物粒子对人体的危害

我国于 2016 年实施的《环境空气质量标准》（GB 3095-2012）增加了对 $PM_{2.5}$ 浓度限值的规定，规定指出：在 24 小时内，一类区的平均浓度限值为 35 μg/m³，二类区的平均浓度限值为 75 μg/m³[2]。

1. 对呼吸系统的危害

直径大于 10 μm 的颗粒物可被鼻部和呼吸道的黏液吸附清除；直径小于 10 μm 的颗粒物（PM_{10}）可进入下呼吸道；直径在 2.5 μm ~ 10 μm 的粗颗粒物（$PM_{2.5~10}$）会沉积在上呼吸道部位，部分可通过代谢作用被排出体外或是被阻拦，其相对危害较小；直径在 1 μm ~ 2.5 μm 的细颗粒物（$PM_{1~2.5}$）能进入下呼吸道，且难以被阻拦；而直径更小的颗粒物（$PM_{0.1~1}$）能进入肺部深处；超细颗粒物（$PM_{0.1}$）甚至能穿透肺泡进入血液[3]。

由于颗粒物中所富集的有毒重金属、有机物、硫酸盐和致病微生物能通过颗粒物侵入人体，并堆积在呼吸系统中，易导致病菌大量繁殖，刺激并腐蚀呼吸道，破坏巨噬细胞，诱发疾病。因此高浓度悬浮颗粒物可引发上呼吸道感染、鼻炎、慢性咽炎、慢性支气管炎、支气管哮喘、肺气肿、尘肺、石棉肺和肺癌等[3]。

2. 对神经系统的危害

铅污染通常来源于机动车尾气排放，含铅汽油在燃烧后生成的铅化物微粒（如氧化铅、碳酸铅）会随呼吸道进入人体，从而对神经系统造成损害，或影响儿童智力发育[4]。直径小于 1 μm 的含铅颗粒极易沉积在肺部或扩散进血液，部分可形成磷酸盐或甘油磷酸盐，随血液循环进入肝、肾、肺、脑，最终渗入骨骼，导致神经紊乱、器官失调，呈现出头晕、头疼、嗜睡和情绪暴躁的中毒症状[5]。

3. 对心血管系统的危害

长期处于高浓度 $PM_{2.5}$ 环境可使人体血液黏稠度增加，易导致血栓形成。因此由颗粒物污染引发的心脏自主神经系统在心率变异性、血液黏稠度等方面的改变，会使突发性心肌梗死的发病率增高[6]。

4. 对免疫系统的危害

免疫系统的主要功能是防御外界病原微生物的侵入，而当人体被颗粒物所携带的病原微生物持续入侵，免疫功能就会被削弱，随后加重机体致敏性，破坏防御机能，从而诱发各类感染性疾病[7]。

5. 致突变、致畸、致癌（三致）

多环芳烃化合物（PAHs）具有强烈的致突变、致畸、致癌（三致）作用，通常来源于化石燃料及有机物的不完全燃烧，且 PAHs 还能吸附到颗粒物（$PM_{2.5}$）上。其中，苯并（a）芘（BaP）作为 PAHs 的代表性物质，具有极强的致癌性[8]。同时，PAHs 还可与臭氧和氮氧化物等污染物反应，转化成更危险的化合物，对健康构成极大威胁。此外，吸附于 $PM_{2.5}$ 的重金属及 PAHs 易导致胎儿发育迟缓和体重偏低，特别是在妊娠早期，污染物可以穿透胎盘，影响胎儿生长发育。

6. 对肝胆系统的危害

肝胆系统具有代谢和解毒等功能，但长时间高强度的"工作"会导致器官超负荷运转，同时由于肝脏缺少痛觉神经，所以即使肝脏受到损伤也难以被察觉，导致出现各种病变，甚至癌变。汞、铅、砷等重金属可附着在颗粒物上，在进入人体后会造成累积，损害内部器官，对肝、胆、肾、脾和造血系统的伤害最大，长期对肝胆系统的损害可使人体出现记忆衰退等中毒症状[9]。

7. 对泌尿生殖系统的危害

泌尿生殖系统是人体代谢速率最快的组织，当雾霾所携带的有毒物质侵入人体，随后进入血液循环，首先受到影响的就是泌尿生殖系统，这将引发一系列系统性病变，如肾炎、肾衰竭、前列腺炎、精子活动低下等[10]。

8. 死亡率升高

雾霾成分复杂，包含可吸入颗粒物、有机污染物和重金属等，其可能会导致患有心血管病、呼吸系统疾病等病症的患者过早死亡。研究显示，当 PM_{10} 日均质量浓度每增加 50 $\mu g/m^3$，平均死亡率就会增加 4%~5%[11]。

二、空气微生物对人体的危害

空气微生物组成不稳定，主要包含细菌、霉菌和放线菌等，能伴随颗粒物侵入人体，并黏附于呼吸道，容易引起疾病，引发过敏反应，如哮喘、过敏性鼻炎、过敏性肺炎等[12]。当儿童及老年人存在呼吸问题、过敏症状及肺部疾病时，要特别留意是否是由空气微生物污染引发。

1. 花粉

花粉易使过敏体质者出现过敏反应，具有明显抗原性，属于吸入性过敏源。伴随城市绿化度的提升以及外来植物数量的增多，花粉颗粒的种类以及总量均在同步增长，花粉症病发率也显著增加。过敏症状通常有喷嚏、流涕、皮肤瘙痒、流泪、眼部红肿、腹泻等，严重者会诱发气管炎、哮喘，甚至出现生命危险[13]。

2. 螨虫

螨虫的外形类似蜘蛛，正常体型的尺寸在 0.5 mm 左右，有些尺寸小于 0.1 mm，其生存领域遍布地表、地底、高山、湖泊及生物体内外等，并且尤其偏爱寄居于人类住所的阴暗环境中。而已发现的螨虫种类就有 5 万多种，通常与人体关系密切的有十多种，包括尘螨、疥螨、粉螨、蠕形螨等[14]。螨虫的代谢产物如粪便、蜕皮和分泌物等，均为致敏原，可导致痤疮、粉刺和痘印等，并引发过敏性鼻炎、皮炎和慢性荨麻疹等[15]。

3. 霉菌

室内霉菌主要来自空调、卫生间、厨房、墙纸、地毯和地板等区域，能在暖湿环境中迅速大量繁殖。其中，易藏污纳垢的空调是形成室内空气生物污染的主要源头，微生物在换热器和集水盘处大量繁殖，生成许多细菌、霉菌及有害气体，它们在空气中分散混合构成气溶胶，可随管道进入室内，使室内空气状况恶化。霉菌对于人体的主要危害表现为致敏作用，四肢部位在接触到发霉材料后易引发浅部感染，造成皮癣。吸入灰尘中的霉菌和孢子易引起感染，如过敏性肺炎、慢性真菌病等，从而严重损害人体健康。患者一旦发病，一般很难痊愈，长此以往易造成肺气肿、鼻息肉等，并伴有脱发、发烧等症状[16]。

4. 细菌

细菌可导致人体出现各类不适或疾病，较易滋生在通风不良、密闭的环境中，也可通过携菌者的皮肤、皮屑、衣物、床铺等被带入室内。

在众多细菌中，军团菌对人体危害最大，其可寄生于各类水体或土壤中，且以嗜肺军团菌致病能力最强。在湿热的环境中，如淋浴、空调等设备，非常利于军团菌的繁殖和蔓延，当人体在吸入被军团菌污染的水雾后，就会感染上军团病。此外，在新建楼房中，由于墙体尚未完全干燥，室内环境十分潮湿，室内空气悬浮的溶胶雾也易使吸入人群感染军团病[17]。军团病的潜伏周期与人体健康状况有关，通常在 2 至 20 天不等，症状主要表现为发烧、头疼、咳嗽、胸痛、寒战和呼吸困难，致死率高达 15%~20%[18]。

第二节　气态污染物对人体的危害

一、有机气态污染物对人体的危害

挥发性有机化合物（VOCs）分布广、种类多，包括醛类、苯系物和烃类等[19]。实验表明，即使室内空气中单个污染物含量都低于其限制含量，但多种污染物的混合存在及其相互作用，仍然会使危害作用增强。

总挥发性有机化合物（TVOC）有嗅味，有刺激性，有些化合物甚至具有基因毒性。TVOC能引起机体功能性免疫紊乱，影响中枢神经系统功能，出现头晕、头痛、嗜睡、无力、胸闷等症状；还能影响消化系统，造成食欲不振、恶心等，严重时会损伤肝脏和造血系统[20]。

表3.1　TVOC含量对人体健康影响[20]

TVOC浓度（mg/m³）	毒性作用
≤0.2	对人体没有影响
0.3~3.0	若有其他污染物的加合作用，就会产生炎症和不适感
3.0~25	眼、鼻、喉感到强烈刺激，伴随症状包括头痛、恶心、呕吐、神经毒害等
>25	除头痛外，还易引起人体免疫中毒反应

1. 甲醛对人体的危害

甲醛（HCHO）是常见的室内空气污染物，易诱发多种疾病。我国国家标准《居室空气中甲醛的卫生标准》规定：居室空气中甲醛的最高容许浓度为 0.08 mg/m³[21]。

表 3.2　不同甲醛浓度对人体的毒性作用[21]

甲醛浓度（mg/m³）	毒性作用
0.06~0.07	儿童较易出现轻微气喘
0.1	可感到异味并伴有不适感
0.5	会刺激眼部，引起眼刺痛、流泪
0.6	可引起咽部不适或咽痛；浓度更高时会引起咳嗽、胸闷、气喘、恶心、呕吐甚至肺水肿
30	出现生命体征下降，甚至死亡

表 3.3　甲醛中毒反应[24]

中毒等级	毒性作用
刺激反应	在上呼吸道和眼部出现刺激症状，如咽喉疼痛、胸腔闷燥、反复咳嗽、眼部刺痛、持续流泪等；经胸部听诊和胸部 X 射线检查无异常
轻度中毒	出现头晕、头痛、视物模糊、浑身乏力，在结膜、咽喉部位存在明显充血；经胸部听诊发现呼吸音粗糙或带有干性啰音；经胸部 X 射线检查，除出现肺纹理增强外，无重要阳性特征发现
中度中毒	出现持续咳嗽、声音嘶哑、胸口疼痛、呼吸困难等症状，经胸部听诊有散在的干、湿性啰音，可伴有体温显著升高和白细胞计数大幅增加；经胸部 X 射线检查有散在的点片状或斑片状阴影
重度中毒	出现喉头水肿、窒息、肺水肿、昏迷或休克的情况之一者，即可确诊为重度中毒

人体对甲醛影响的主要反应表现为嗅觉异常、刺激性、过敏症、肺功能异常、免疫功能异常等，尤其对有哮喘病、过敏体质的人以及孕妇和婴幼儿影响更大。

甲醛对人体健康危害的具体表现如下[21-24]：

（1）甲醛对眼部、呼吸系统的毒性

人类个体对于甲醛感知的差异较大，其中眼部敏感度最高，嗅觉和呼吸道次之。长期处于被甲醛污染的环境，会引起眼部干涩刺痛、头晕头痛、呼吸道刺激、咽部水肿、哮喘等反应。严重时还会导致肺炎、肺水肿。在急性刺激下，甲醛可引起喷嚏、咳嗽、鼻炎、鼻衄等。皮肤直接与甲醛接触，会引起皮炎、皮肤红肿、剧痛、裂化、水疱等反应。甲醛经由呼吸道被吸入，首先会接触到湿润的鼻黏膜，并对其产生刺激作用，这样长期的反复刺激可造成局部慢性炎症，并引发鼻炎，使嗅觉功能退化，嗅觉灵敏度减低。

（2）甲醛的致敏作用和免疫毒性

低剂量甲醛会使身体出现多种过敏症状。与皮肤接触可导致色斑、过敏性皮炎和皮肤坏死等病变；吸入高浓度甲醛可诱发支气管哮喘和过敏性鼻炎，严重者甚至会有生命危险。同时，甲醛还能影响并降低人体的免疫系统，虽在短期内，甲醛能刺激人体免疫系统，增强机体的免疫反应性，但从其长远效应来看，甲醛会对免疫功能产生极大抑制作用，从而影响机体吞噬细胞。当人体接触较高浓度的甲醛时，人体的体液免疫、细胞免疫和非特异性免疫功能均会出现明显下降。

（3）甲醛对人体心脑血管及内脏系统的危害

甲醛可引起血管内皮细胞的损伤，导致形成血管壁斑块。另外，甲醛可被肝脏解毒，由肾脏排出，此时若体内甲醛含量超过肝脏代谢能力，便会损害肝脏。

（4）甲醛对人体神经系统的危害

吸入甲醛会损害中枢神经系统，影响 DNA 和 RNA。长期接触甲醛者，不仅会出现不同程度的持续头痛、记忆减退、精神疲劳和睡眠障碍等症状，还会导致青少年记忆力减退和智力下降。

（5）甲醛对内分泌系统的影响

长期吸入低浓度甲醛，可引起下丘脑－垂体－肾上腺轴功能改变，导致内分泌紊乱，从而出现眼颤、手颤、手心多汗和四肢麻木等症状。此外，女性在长期接触低剂量甲醛后还会引发月经紊乱。

（6）甲醛对人体生殖系统及胎儿发育的危害

甲醛具有生殖和发育毒性，对受精卵或胎儿存在诸多不利影响，可诱发孕期妇女出现妊娠综合征，导致胎儿畸形，致使新生儿体质降低等。甲醛还能够穿过胎盘，在胎儿体内累积达到高于母体的浓度，造成新生儿死亡率增高、染色体异常、智力衰退和白血病等。

（7）甲醛的致畸、致癌、致突变性

长期接触低浓度甲醛者，不仅容易引起慢性呼吸道疾病，还会诱发癌症。国际癌症研究中心（IARC）对甲醛的致癌性评价为Ⅰ类致癌物，即对人类及动物均有致癌作用。

2. 苯系物对人体的危害

苯系物大多来源于建材中使用的溶剂或稀释剂，如油漆、涂料、胶水和防水材料等，其中所含有的苯系物会在装修后挥发，造成室内污染[25]。苯系物主要包括苯、甲苯和二甲苯，长期接触会引起慢性中毒，出现头痛、失眠、精神不振或记忆衰退等症状。若在短时间内吸入高浓度苯系物，出现的轻度中毒常表现为中枢神经系统麻醉症状，如头晕、头痛、嗜睡、胸闷、恶心、乏力等，而重度中毒则会导致人体出现抽筋、昏迷，直至呼吸衰竭而死。苯系物已经被世界卫生组织列入强致癌物名单，长期接触可使骨髓造血机能发生障碍，引发白血病[26]。

苯系物对人体的危害如下[27-32]：

（1）苯中毒反应

当人体长期处于被苯污染的环境中，会引发慢性中毒，刺激眼部、皮肤和呼吸道。苯可使皮肤脱脂而变干燥脱屑，甚至出现过敏性湿疹。此外，苯中毒还可导致过敏性皮炎、喉头水肿、支气管炎和血小板下降等症状，统称"化学物质过敏症"。

（2）长期吸入苯易导致再生障碍性贫血

初期表现在牙龈和鼻黏膜等部位的出血，并伴随头痛、头晕、失眠、精神不振、记忆减退等，继而出现体内白细胞和血小板减少，严重时使骨髓造血机能发生障碍，导致再生障碍性贫血等并发症。若造血功能完全破坏，或可发生致命的颗粒性白细胞消失症，并引发白血病。

（3）影响生殖功能

苯系物对女性的危害相较男性更为严重，主要表现在对生殖功能的影响。育龄妇女长期吸入苯会导致月经异常，出现月经过多或紊乱，初期就医常被误诊为功能性子宫内膜出血而贻误治疗。当处在孕期阶段接触到苯系物时，妊娠高血压、妊娠呕吐及妊娠贫血等病症的发病率就会明显增高。另外，统计发现长期接触甲苯的女性工作者的自然流产率也会显著偏高。

（4）苯可导致胎儿先天性缺陷

在妊娠期间吸入大量苯系物，将极易导致流产、胎儿畸形、中枢神经系统功能障碍以及婴儿生长发育迟缓等。动物实验表明，甲苯可通过胎盘进入胎儿体内，造成胎儿在出生后会出现体重下降，骨化延迟等问题。

二、含氮无机气态污染物（氨、氮氧化物）对人体的危害

1. 氨气对人体的危害

长期接触低浓度氨气（NH_3）会破坏呼吸道的保护机制，削弱机体抵抗能力，从而使呼吸道极易被感染，进而引发其他相关疾病，如慢性结膜炎、鼻炎、咽炎等，同时还会造成嗅觉、味觉功能的减退。当人在短时间内吸入大量氨气时，会对呼吸系统造成损害，出现咳嗽、胸闷、咽痛、流泪、呼吸困难、味嗅觉减退等反应，并伴有头痛、恶心、呕吐、乏力等不适应症，刺激严重者还会发生喉头水肿、喉痉挛、肺水肿，甚至陷入昏迷或休克。此外，当眼部接触到氨水或高浓度氨气时也会造成灼伤，并导致结膜充血、结膜水肿、虹膜炎或角膜溃疡等，严重时出现眼角膜穿孔，甚至失明[33]。国家标准规定：在工作场所的空气环境中，氨浓度允许上限为 0.2 mg/m³，而短时间接触容许浓度不得超过 30 mg/m³。此外，当空气中氨浓度达到 360 mg/m³ 时，就会立刻威胁到健康或生命安全[38]。

氨对人体伤害程度可概括如下[20,33-37]：

（1）刺激反应

氨对眼部和上呼吸道具有强烈刺激作用，如咳嗽、咽痛、流泪、胸闷、头晕及黏膜出血等，对肺部检查无明显阳性体征。

（2）急性轻度中毒

症状表现为急性气管炎或支气管炎，胸部 X 射线检查可观察到肺部纹理增粗、增强、紊乱，边缘模糊。

（3）急性中度中毒

症状表现为剧烈咳嗽，呼吸困难，有时痰带血丝，喉头水肿。经胸部 X 射线检查，肺部出现较为局限的网状病变，存在散在性或斑片状阴影。

（4）急性重度中毒

出现肺泡性肺水肿、四度喉水肿、急性呼吸窘迫综合征、并发较重的气胸或纵膈气肿，严重者甚至窒息。胸部 X 射线检查可见病变较广泛的斑片状、云絮状或大片状、蝶翼状阴影。

2. 氮氧化物对人体的危害

氮氧化物（NO_x）是常见的大气污染物，主要包含一氧化氮和二氧化氮，会刺激呼吸器官，引起急性毒作用或慢性毒作用[38]。

一氧化氮无色无味，难以被察觉，其极易与血红蛋白结合，在被吸入后容易使机体缺氧；吸入二氧化氮会对呼吸道和肺黏膜造成刺激，其毒性比一氧化氮高 4~5 倍，易造成肺功能损伤，破坏机体防御机制，增大呼吸道感染率。当氮氧化物进入呼吸道深部，可缓慢溶于肺泡表面的水分中，反应生成亚硝酸、硝酸，会对肺部组织产生强烈的刺激和腐蚀作用，导致肺水肿，严重者甚至可能诱发肺癌。通常，当氮氧化物以二氧化氮为主时，对肺的损害较为明显；而以一氧化氮为主时，引起组织缺氧和对中枢神经损伤的情况比较明显[38-40]。

我国《工业企业设计卫生标准》规定居住区大气中二氧化氮最高一次容许浓度为 0.15 mg/m³。美国国家大气质量标准规定二氧化氮年算术平均值为 0.1 mg/m³。研究表明，空气中二氧化氮浓度为 0.20~0.41 mg/m³，即可被察觉；接触浓度为 1.30~3.80 mg/m³ 的二氧化氮 10 分钟，会使呼吸气道阻力略增；接触浓度为 3.0~3.8 mg/m³ 的二氧化氮 15 分钟，会使呼吸气道阻力增加；而接触浓度为 7.50~9.40 mg/m³ 的二氧化氮，在 10 分钟内就会引起呼吸气道阻力显著增加和肺功能下降[41]。

三、含硫无机气态污染物（二氧化硫、硫化氢）对人体的危害

1. 二氧化硫对人体的危害

二氧化硫（SO_2）是一种具有窒息性臭味的气体，易使人体呼吸道产生炎症，进而阻碍空气被吸入肺部。高浓度二氧化硫，使人难以呼吸，可导致支气管炎、哮喘、肺气肿，甚至人体死亡。另外二氧化硫会对黏膜产生强烈刺激作用，可致使人体病发气管炎、肺炎、肺水肿和呼吸麻痹[42]。

二氧化硫对人体危害的具体表现如下[43-45]：

（1）刺激呼吸道

二氧化硫进入人体呼吸道后，由于二氧化硫易溶于水，故大部分二氧化硫可被阻挡在人体上呼吸道部位，进而在上呼吸道黏膜中生成具有腐蚀性的亚硫酸、硫酸和硫酸盐，从而加剧其对人体的刺激性和危害性，二氧化硫还会影响人体上呼吸道内的平滑肌，使其收缩，从而导致气管、支气管变窄，当人体连续吸入含二氧化硫的空气时，支气管和肺部将会受到明显刺激，导致呼吸受阻，肺部组织受损。

（2）二氧化硫和飘尘的联合毒作用

飘尘中常含有氧化铁等金属，可催化氧化二氧化硫形成酸雾，并

进一步吸附于飘尘表面，最终被飘尘带入人体呼吸道深部，而酸雾对人体的危害作用比二氧化硫高出约十倍。另外，二氧化硫与飘尘等污染物还会一起协同侵入人体细支气管和肺泡，一部分能随人体体液循环扩散至全身各器官，从而产生危害。当作用于肺泡时，长期刺激可促使肺泡壁发生纤维增生，还可能造成肺部纤维性病变。另外颗粒物能刺激和腐蚀肺泡壁，使肺纤维断裂，形成肺气肿，引发支气管哮喘。

（3）二氧化硫的致癌作用

二氧化硫对人体的长期刺激作用可引起细胞发生肿瘤前期病变，而当二氧化硫与苯并芘联合作用时，在短期内即可诱发人体肺部病变，诱发扁平细胞癌。

（4）二氧化硫对人体健康的其他危害

二氧化硫会损害人体心血管系统。通常维生素 B_1 和维生素 C 组合能生成结合性维生素 C，使之不易被氧化，以满足人体日常所需。但当人体吸入二氧化硫后，血液中的维生素 B_1 便会迅速与之结合，造成人体内维生素 C 的失衡，影响新陈代谢。二氧化硫还能改变人体某些酶的活性，使糖和蛋白质的代谢发生紊乱，损伤肝脏，影响机体生长和发育。

2. 硫化氢对人体的危害

室内硫化氢（H_2S）来自日常生活中产生的废气。当人体接触低浓度硫化氢时，会出现流泪、惧光、眼睛刺痛等症状，并引发结膜充血、水肿和角膜炎，在注视光源时会看到彩色光环。硫化氢还可导致人体出现嗅觉衰退、剧烈咳嗽、呼吸急促、胸部压迫。若人体长期接触低浓度的硫化氢，还会导致综合性神经衰弱和神经功能紊乱[46-48]。

表 3.4　硫化氢对人体的毒性作用[46-48]

危险区域划分	浓度（mg/m³）	毒性作用
极度危险区域	1000~1500	吸入后立即造成昏迷，引起呼吸麻痹甚至死亡，除非立刻给予人工呼吸急救。在此浓度时人体嗅觉立即疲劳，毒性与氰氢酸相似
	1000	接触数秒即引起急性中毒，出现明显的全身性症状。人体起初呼吸加快，接着呼吸麻痹死亡
高度危险区域	700~800	接触30分钟出现生命危险，可引起头疼、头晕、亢奋、步态不稳、恶心、呕吐、鼻咽喉发干及疼痛、咳嗽、小便困难等症状。还可能造成肺水肿、支气管炎及肺炎，严重者甚至会出现生命危险
	400~700	接触30~60分钟就有生命危险，可能缓死或猝死，呼吸系统炎症明显
中度危险区域	300	可引起严重反应，眼部和呼吸道黏膜灼热性疼痛，并引起神经系统抑制，6~8分钟即出现急性眼刺激症状。接触1小时即引起肺水肿
	70~150	引起轻度中毒，出现眼睛及呼吸道刺激症状。接触1~2小时可引起亚急性或慢性结膜炎。吸入2~15分钟即发生嗅觉疲劳
	30~40	虽臭味强烈，但可以忍受，这是可能引起局部刺激及全身性症状的最小浓度
	20	开始引起对人体的损害，虽无全身作用，但接触6小时可引起眼部发炎
—	4~7	中等强度难闻臭味
	0.3~0.4	明显嗅出
	0.025~0.035	嗅觉阈

　　硫化氢浓度越高，对人体全身性作用越明显，主要表现为中枢神经系统症状和窒息症状。目前医治硫化氢中毒没有特效药物，一般采用综合疗法，以对症治疗为主[46, 47]。

表 3.5　硫化氢中毒等级划分[46, 47]

中毒等级	毒性作用
轻度中毒	鼻咽喉具有灼热感、流涕、流泪、惧光等刺激症状，并伴有头晕、头疼、恶心、乏力等不适感
中度中毒	出现黏膜刺激症状加重，并表现出走路失衡、胸闷、咳嗽、视物模糊、结膜水肿及角膜溃疡，并伴有明显头疼、头晕等症状，并可能出现轻度意识障碍
重度中毒	多为短期内吸入高浓度硫化氢所致，人体会立即出现神志模糊、昏迷、心悸、抽搐、大小便失禁、呼吸不齐、血压下降，并病发肺水肿、脑水肿、呼吸循环衰竭，严重中毒者即使治愈也可能会留下神经后遗症
极重度中毒	在吸入极高浓度硫化氢后中毒者瞬间丧失意识，呼吸中枢被抑制，反射性地停止呼吸，迅速窒息并猝死，即"电击样"死亡。人体大脑对于缺氧最敏感，大多硫化氢中毒者的主要表现为昏迷状态。如果大脑受损严重，患者可能长期处于无意识状态而成为植物人

四、碳氧化物对人体的危害

1. 一氧化碳对人体的危害

通常一氧化碳（CO）来源于含碳物质的不完全燃烧，其爆炸限浓度为 12.5%，人体吸入过量一氧化碳，易导致人体组织缺氧，发生急性中毒，这是因为一氧化碳极易与人体血液中血红蛋白结合，生成一氧化碳血红蛋白（COHb）。血红蛋白与一氧化碳的亲和力是血红蛋白与氧的亲和力的 240 倍，因此结合生成的 COHb 无法再携氧，且不易解离（解离程度是氧合血红蛋白的 1/3600）。急性一氧化碳中毒的症状与血液中 COHb 浓度密切相关，同时也与患者本身的健康状况有关，如有无心脑血管疾病等[49-52]。

表 3.6　一氧化碳中毒等级和症状划分[53]

中毒等级	血液中COHb浓度	毒性作用及急救措施
轻度中毒	10%~20%	出现头晕、头疼、恶心、呕吐、心悸和四肢无力等症状。一氧化碳轻度中毒者，只需脱离中毒环境并吸入新鲜空气或进行氧疗，症状便会迅速消失
中度中毒	30%~40%	出现气短、胸闷、呼吸困难、视物模糊、幻觉、判断力降低、嗜睡、运动失调、意识模糊或浅度昏迷，口唇黏膜呈桃红色。经氧疗后患者可恢复正常，且无明显并发症
重度中毒	40%~60%	迅速出现昏迷症状，同时发生呼吸抑制、肺水肿、心律失调或心力衰竭，少数昏迷时间过长者会在痊愈后留下永久性并发症

2. 二氧化碳对人体的危害

二氧化碳（CO_2）不仅是人们呼吸空气中天然存在的可变组分，也是人体正常生理活动所需的呼吸中枢兴奋剂。室外二氧化碳的主要来源是燃料的燃烧，而室内二氧化碳的来源除了燃料燃烧外还包括人体代谢。研究显示，大气中二氧化碳浓度上升可引起人体血液酸度升高，增加呼吸的深度和频率，当超过一定浓度，便会使人体出现头疼、恶心、脉搏滞缓、血压升高等症状[54]。

人体的长期二氧化碳耐受浓度上限为 9000 mg/m³，而高浓度二氧化碳（>27000 mg/m³）会引发人体中枢神经系统中毒，使呼吸中枢出现先兴奋、后抑制的情况，最终导致呼吸麻痹和窒息。二氧化碳中毒还可导致肺、肾等脏器出现充血、水肿、痉挛、虚脱，甚至呼吸停止和死亡[54-56]。

表 3.7　人体暴露不同浓度水平的 CO_2 的中毒反应[54-56]

CO_2 浓度（mg/m³）	毒性作用
25000	1 小时内无明显症状
30000	加强深呼吸
40000	轻微出现头痛感、心悸、血压上升、脉搏迟缓、兴奋、眩晕等症状
60000	以上症状表现明显
80000	呼吸频率加快，呼吸困难明显
100000	急速发生意志消沉、痉挛、虚脱、进而引发呼吸停止甚至死亡

表 3.8　国内现有 CO_2 室内空气质量标准

颁布部门	标准名称	标准代号	标准值（mg/m³）
卫生部	室内二氧化碳卫生标准	GB/T 17094-1997	≤1000
	旅店业卫生标准	GB 9663-1996	700 1000 1000
	文化娱乐场所卫生标准	GB 9664-1996	≤1500
	公共浴室卫生标准	GB 9665-1996	更衣室：≤1500 浴室：≤1000
	理发店、美容店卫生标准	GB 9666-1996	≤1000
	游泳场所卫生标准	GB 9667-1996	≤1500
	体育馆卫生标准	GB 9668-1996	≤1500
	图书馆、博物馆、美术馆	GB 9669-1996	图、博、美：≤1000
	展览馆卫生标准		展览馆：≤1500
	商场（店）、书店卫生标准	GB 9670-1996	≤1500
	医院候诊室卫生标准	GB 9671-1996	≤1500
	公共交通等候室卫生标准	GB 9672-1996	≤1500
	公共交通工具卫生标准	GB 9673-1996	≤1500
	饭馆（餐厅）卫生标准	GB 16153-1996	≤1500

五、臭氧对人体的危害

臭氧（O_3）作为空气中的一种主要污染物，可能正隐藏在我们的周身环境中，它对健康的危害不容忽视，人体持续暴露在高浓度臭氧环境中易造成永久性损害。

我国已经明确规定了空气中臭氧浓度的上限值：一级为 120 $\mu g/m^3$，二级为 160 $\mu g/m^3$，三级为 200 $\mu g/m^3$。当臭氧浓度超过 160 $\mu g/m^3$ 时，人体就能明显感到不适，并判定当日出现了臭氧污染[57]。

表 3.9　人体暴露不同浓度水平臭氧的中毒反应[58]

臭氧浓度（mg/m^3）	毒性作用
0.02	能察觉到臭味，称为感觉临界值
0.1	嗅觉临界值，人体短时间暴露眼睛就会有刺激感，连续呼吸 2 小时，会对人的鼻黏膜和咽喉黏膜等器官产生刺激作用
0.6	人体肺泡气体扩散能力将明显下降
1~2	呼吸 1~2 小时后，会对肺细胞中蛋白质产生明显影响，眼睛和呼吸器官均有急性烧灼感，并且人体中枢神经产生障碍，出现头疼、嗓子疼、咳嗽、胸闷等系列症状； 24 小时后出现肺气肿，若接触更长时间，将加剧支气管炎和肺气肿的恶化，出现思维紊乱甚至死亡

人体持续暴露在臭氧中容易造成永久性的损伤，长期接触臭氧，易诱发癌症。吸入较低浓度的臭氧不仅会引起胸痛、咳嗽、恶心、消化不良等反应，还会加重心脏病、支气管炎、肺气肿和哮喘等病情，对呼吸道疾病患者、儿童、老人等人群的危害更大，需要给予足够重视。短期暴露在高浓度臭氧中，会引起咳嗽、喉部干痒、胸痛、黏膜

分泌增加、疲劳、恶心等症状。长期高浓度暴露在臭氧中会明显损伤肺部，影响呼吸道结构，引发肺气肿、意识障碍或死亡。此外，臭氧还会破坏人体的免疫机能，诱发淋巴细胞染色体病变，加速衰老，致使胎儿畸形[58, 59]。

第三节　放射性污染物（氡及其子体）对人体的危害

氡（Rn）是被世界卫生组织（WHO）公布的 19 种主要的环境致癌物质之一，国际癌症研究机构已明确氡及其子体对人体具有致癌性，已被编入对人体具有致癌作用的物质列表中[60]。

研究发现，氡及其子体的伤害潜伏期较长，从氡的射线开始照射直到发病，一般需要经过几年甚至数十年的时间，因此氡对人体的早期伤害不易被察觉。室内的氡浓度无论高低都会对人体造成辐射危害，氡对人体的辐射远远大于人体所遇到的其他放射性危害的总和。氡对人体的危害程度与室内氡浓度的高低、受照射时间长短和初始受照射年龄等因素有关。即室内氡浓度越高、受照射时间越长、初始受照射年龄越小，其危险程度越高。氡及其子体进入体内，轻者可致呼吸道炎症、肺气肿、肺硬化，重者可致肺癌[61, 62]。

自 20 世纪 60 年代末首次发现室内氡危害至今，氡对人体造成的辐射伤害占人体一生中所受到全部辐射伤害的 55%以上，其诱发肺癌的潜伏期大多都在 15 年以上，世界上有 1/5 的肺癌患者与氡污染密切相关。早在 20 世纪 90 年代初美国环保局（EPA）就已经将氡列为最危险的环境致癌因子之一。据报道，在美国的肺癌病因中，氡仅次于吸烟，位居第二。当氡被吸入人体后，由于其对人体体液及脂肪具有极高的亲和力（氡在脂肪中的溶解度是其在水中的 125 倍）。因此被吸入体内的氡极易被人体呼吸系统截留，并富集在含有丰富脂肪的器官中。此外氡还可能广泛分布在神经系统、网状内皮系统和血液中，会影响人体神经系统，使人精神萎靡，嗜睡，甚至痛觉缺失[63]。

长期处于高浓度氡环境中，人体血液中红细胞将增加、中性白细胞减少、淋巴细胞升高、血管扩张、血压下降，并出现血凝因子增加和高血糖。同时，由氡衰变而形成的钋、铅、铋等不挥发的放射性同位素，有些能溶于体液并进入细胞组织，并在继续衰变过程中释放出 α、β 等放射线，犹如"炸弹"般连续轰击肺细胞。这些放射线轻则造成 DNA 分子结构重组，发生基因突变，重则造成染色体断裂，导致染色体畸变，从而诱发癌症。此外，射线的外照射还会损伤人体五官，出现皮肤皲裂，毛发脱落等病变，严重时甚至会引发皮肤癌。此外，氡对人体的辐射还会杀死精子，使人丧失生育能力[60-64]。

第四节　空气污染对人体九大系统的危害

不同空气污染物对人体产生的危害也不一样。当空气污染程度超出人体承受极限，人体某些部位或系统功能就会发出警报，表现出病症[65, 66]。如果身体发出表 3.10 中的预警信号，就一定要引起重视，采取相应防护措施，防止空气污染加剧对人体健康的损害。

表3.10 空气污染影响人体的九大系统

人体系统部位	中毒表现
中枢神经系统	初期表现为头昏、头疼，进一步发展为意识不清晰、昏迷、肢体麻木、痉挛、瘫痪等
呼吸道	初期表现为咳嗽、气喘，进一步发展为呼吸困难、支气管哮喘、肺炎、肺癌等
消化道	初期表现为恶心、呕吐，进一步发展为腹痛、腹泻、便秘等
肝脏	初期表现为转氨酶、肝功能异常，进一步发展成中毒性肝损坏、肝坏死、肝癌等
心血管系统	初期表现为血压升高或降低，心跳过快或过缓，进一步发展成为心律失调、房颤、心脏猝死等
血液系统	初期表现为血液白细胞、血小板减少，进一步发展为巨幼细胞增多、再生障碍性贫血、急性粒细胞性白血病等
泌尿系统	初期表现为尿蛋白增加，发展为血尿、急性肾小球肾炎等
皮肤病	初期表现为皮肤瘙痒、发肿，后期演变为皮肤破损、溃烂等病症
生殖、发育系统	男性患者初期表现为少精，或后发展为死精、精子畸形、睾丸和附睾细胞变性坏死；女性患者初期表现为月经过多或过少，后发展为痛经、难以受孕、胎儿畸形、胎儿发育迟缓等

参考文献：

［1］刘勇，芦茜，黄志军. 大气污染物对人体健康影响的研究［J］. 中国现代医学杂志，2011，21（1）：87-91.

［2］权克. 标准制修订信息——环境保护部发布《环境空气质量标准》（GB 3095-2012）［J］. 中国标准导报，2012，4：49.

［3］蒲昭和. 雾霾对老人健康的危害［J］. 老年人，2014，5：53.

［4］钱春燕，李丽，高知义等．大气细颗粒物及铅化合物对大鼠肺及血液的毒性［J］．环境与职业医学，2011，28（1）：20-24.

［5］尹之全，姜严，牛丽凤．全血中铅分析方法研究现状［J］．卫生职业教育，2011，29（8）：149-151.

［6］徐建辉，何荣华．$PM_{2.5}$ 对血压的影响［J］．医学综述，2015，20：3710-3713.

［7］牛佳钰，肖纯凌．$PM_{2.5}$ 对机体影响机制的研究进展［J］．沈阳医学院学报，2016，18（4）：291-294.

［8］袁培耘．大气颗粒物 PM_{10} 和 $PM_{2.5}$ 中多环芳烃的测定方法研究［D］．贵州师范大学硕士学位论文，2014.

［9］李卫霞，刘晓霞，王奇志等．雾霾对人体健康的危害与防护［J］．职业与健康，2016，32（23）：3309-3312.

［10］郭军，高庆等．男性不育症的病因诊断［J］．中国社区医师，2014，22：5.

［11］董雪玲．大气可吸入颗粒物对环境和人体健康的危害［J］．资源与产业，2004，6（5）：50-53.

［12］傅本重，赵洪波，永保聪等．公共场所空气微生物污染研究进展［J］．中国公共卫生，2012，28（6）：857-858.

［13］白玉荣，刘爱霞，孙枚玲等．花粉污染对人体健康的影响［J］．安徽农业科学，2009，37（5）：2220-2222.

［14］赵春红．居家切忌"螨"不在乎［J］．科学养生，2015，7：46-47.

［15］钱进．别让过敏毁了你的春天［J］．家庭科学·新健康，2017，3：22.

［16］曾素云，张勤．成都地区空气中霉菌调查与临床［J］．现代临床医学，1986，1：1-2.

［17］Jason，罗阳．控制军团菌病发病率的上升趋势［J］．国际护理学杂

志，2010，1：157.

　　[18] 薛永春，李萍. 军团菌病的流行现状及防治研究进展 [J]. 疾病监测与控制杂志，2008，9：580-582.

　　[19] 高. 总挥发性有机化合物（TVOC）的来源及其危害 [J]. 化学分析计量，2005，6：57.

　　[20] 刘丹，杨光，赵笑时. 论引起新居综合症的原因之一——挥发性有机化合物（TVOC）[J]. 科技信息，2010，20：697.

　　[21] 万思斯. 室内空气中甲醛的检测与控制探讨 [J]. 经营管理者，2014，15：395.

　　[22] 宋宁. 关于室内甲醛污染的调查 [J]. 中国新技术新产品，2010（20）：187.

　　[23] 佚名. 甲醛（HCHO）基本知识及对人体健康的影响 [J]. 油气田环境保护，2013（2）：62.

　　[24] 阎立芹. 空气中甲醛快速检测法的探究 [J]. 科技创新导报，2012（9）：49.

　　[25] 张树岳. 室内空气中苯系物污染现状及治理措施 [J]. 环境与发展，2014，26（3）：153-154.

　　[26] 成东艳. 室内空气中苯系物污染的危害及防治 [J]. 环境保护与循环经济，2008，28（1）：40-41.

　　[27] 贾俊. 低浓度苯及同系物对人体健康状况的影响的 Meta 分析 [D]. 浙江大学硕士学位论文，2012.

　　[28] 陈宇炼，沙春霞，张静等. 室内空气中主要挥发性有机物污染状况调查 [J]. 中国卫生监督杂志，2002，9（2）：84-86.

　　[29] 王丹. 公共场所内苯及同系物的污染与防治策略 [J]. 科技资讯，2013（1）：144-145.

［30］陈颖毅. 论室内空气中总挥发性有机物（TVOC）分析方法［J］. 城市建设理论研究（电子版），2011（36）：1-6.

［31］刘玉，沈隽，刘明. 人造板总挥发性有机化合物（TVOC）的检测［J］. 国际木业，2005（7）：22-23.

［32］王俊，张景义，陈双基. 室内空气中总挥发性有机物（TVOCs）的污染［J］. 北京联合大学学报（自然科学版），2002，27（3）：52-56.

［33］高亮，路迎双. 室内空气中氨气对人体的危害及应对措施［J］. 开卷有益—求医问药，2011（8）：51.

［34］冯吉燕. 液氨泄漏环境事件的影响分析、伤害范围划定和应急处置［J］. 环境与发展，2015，27（5）：48-50.

［35］董小艳，常君瑞，李韵谱等. 室内挥发性有机化合物污染评价方法的研究［J］. 环境与健康杂志，2010，27（2）：124-126.

［36］马晶晶. 空气中氨气的影响和应对措施［J］. 科研，2016（12）：288.

［37］陶晓泉. 慎重选择装修材料［J］. 乡镇论坛，2013（20）：12.

［38］祁娟娟. 大气污染对人体健康的影响［J］. 环境与发展，1997（1）：35-37.

［39］陈秉衡，洪传洁. 上海城区大气 NO_x 污染对健康影响的定量评价［J］. 上海环境科学，2002（3）：129-131.

［40］解军，杜晓兰，许杨等. 室内外空气污染源对室内空气 NO_2 浓度的影响［J］. 环境与健康杂志，2003，20（6）：355-356.

［41］陈浩.《工业企业设计卫生标准》解读［J］. 劳动保护，2010（8）：33.

［42］高凤扬. 空气中二氧化硫气体含量的简易测定［J］. 实验教学与仪器，2009，26（5）：34.

［43］黄志强，亓跃蓉，俞文妍等. 二氧化硫配套试剂在工作场所空气检测中的应用［J］. 预防医学，2013，25（1）：91-93.

［44］徐列兵，李磊，董定龙．空气中二氧化硫测定方法的研究进展［J］．中国工业医学杂志，2014（4）：318-319.

［45］陶永娴．刺激性气体［J］．中国社区医师，2007（18）：49.

［46］阮会良，黄顺根，韩子茜．急性硫化氢中毒的特征和预防措施［J］．职业卫生与应急救援，2001，19（1）：43.

［47］姚秀云，秦玉生，佟景红．22例硫化氢中毒临床分析［J］．中国小儿急救医学，2006，13（3）：288.

［48］《中国职业医学》编辑部．科学防治职业性急性硫化氢中毒［J］．中国职业医学，2017，44（1）：24.

［49］左恩杰．一氧化碳中毒的临床治疗体会［J］．健康必读旬刊，2012（9）：317.

［50］夏增香，时建军．急性一氧化碳中毒的临床急救［J］．中国民间疗法，2013，21（7）：68.

［51］柴枝楠．警惕无形杀手——一氧化碳［J］．中老年保健，2004（11）：25-26.

［52］姚姣娟，兰慧，王静．一氧化碳的职业危害及防护［J］．现代职业安全，2012（9）：102-104.

［53］陆再英，钟南山．内科学（第7版）［M］．北京：人民卫生出版社，2008.

［54］梁宝生，刘建国．我国二氧化碳室内空气质量标准建议值的探讨［J］．重庆环境科学，2003，25（12）：198-200.

［55］王旭耀．二氧化碳对空气质量的影响［J］．读写算：教育教学研究，2011（17）：249.

［56］韩熔红．大气及室内空气中二氧化碳浓度测定［J］．中国公共卫生，2004，20（5）：618.

[57] 付晓燕. 我国环境空气质量标准发展及现状 [J]. 环境与可持续发展, 2014, 39 (3): 41-43.

[58] 孔琴心, 刘广仁, 李桂忱. 近地面臭氧浓度变化及其对人体健康的可能影响 [J]. 气候与环境研究, 1999, 4 (1): 61-66.

[59] 妲拉. 晴空下的臭氧污染 [J]. 资源与人居环境, 2013 (9): 47-48.

[60] 李艳宾. 室内氡对人体健康的影响 [J]. 中国辐射卫生, 2007, 16 (3): 371-373.

[61] 章有馀, 吴丽萍. 环境中氡的水平及其对人体危害 [J]. 四川环境, 1999, 18 (2): 23-27.

[62] 邹文良, 马吉英, 张聚敬. 环境中氡水平及其对人体健康危害 [J]. 干旱环境监测, 2001, 15 (1): 9-12.

[63] 徐勇, 杨鲁静. 环境氡与儿童白血病 [J]. 中国妇幼保健, 2005, 20 (4): 480-481.

[64] 何登良, 刘家琴, 王海滨等. 环境中氡及其子体的危害与防治 [J]. 绵阳师范学院学报, 2007, 26 (8): 55-60.

[65] 刘洪涛. 关注室内空气质量 消灭装修隐形杀手 [J]. 企业标准化, 2005 (8): 29-31.

[66] 吕春. 新装修房子的污染问题 [J]. 环境教育, 2010 (10): 80-83.

第四章
室内空气污染的防护

　　室内是人们接触最频繁密切的环境之一，现代人的日常生活中，至少有80%的时间在室内度过，而生活在城市中的老人、婴儿，以及一些行动不便的人，他们待在室内活动的时间甚至高达95%[1]。相较于室外常见的空气污染物，室内空气污染物种类更多，包括物理性、化学性、生物性和放射性四大类，以及 $PM_{2.5}$、甲醛 HOCO、二氧化碳 CO_2、温湿度和 TVOC 这五项指标[2]。而且，室内相对密闭的空间，污染物不易扩散、不易去除，增加了污染物的浓度和与人类接触时间和概率。

　　大量调查资料显示，不通风室内空气污染程度往往比室外还要高，是室外空气污染的2~5倍，有的甚至超过100倍[3]。目前室内空气中已经检测出的挥发性有机物多达500余种，其中有致癌物质20余种，致病物质200余种。

　　中国室内装饰协会环境检测中心调查统计显示，室内空气污染程度常常比室外空气严重 2~3 倍，甚至可达几十倍[4]，每年国内由室内空气污染引起的死亡人数超过 10 万人。

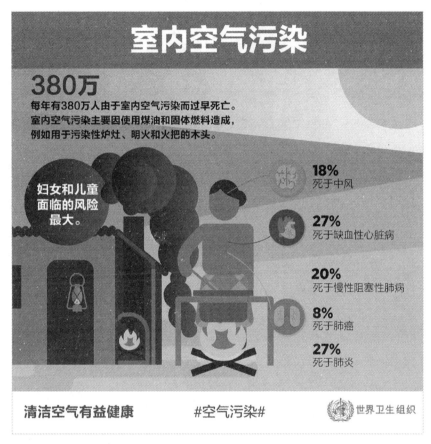

图 4.1　室内空气污染

资料来源：https：//www.who.int/phe/infographics/air-pollution/zh/index1.html.

室内空气质量的优劣与人体健康联系紧密，相较于室外空气污染，室内空气污染具有积累性、多样性、长期性的特点，对人体的影响时间更长，伤害程度更大。

图4.2 室内空气污染的特点

在人们生活水平提高的同时，对生活质量和空气环境的要求也越来越高。虽然绝大多数家庭都没有专业的空气质量检测仪器，在室内空气污染物对人体健康造成严重危害之前，身体往往会提前发出一些"预警信号"。我国室内环境检测中心根据多年来进行室内环境检测和治理的实践，归纳总结了室内环境污染对人体造成危害时，个体能够明显察觉的12种症状表现：

室内空气质量不达标的12个警告[1]

（1）每天起床感到憋闷、恶心甚至头晕目眩。

（2）即使天气环境变化幅度不大，家人也易患上感冒，或者感冒症状超过2周仍无法痊愈。

（3）咽部时常存在异物感。

（4）家中儿童经常无缘无故地出现咳嗽、打喷嚏、免疫力下降等问题。

（5）家人常常会出现皮肤过敏的现象，并且过敏的家庭成员不止一个。

（6）家人共有的一种疾病，在离开这种环境后（如出游度假等），病情或病状有所改善，甚至出现明显好转。

（7）新婚夫妻长时间不怀孕，但是夫妻双方都查不出具体原因。

（8）孕妇在正常怀孕情况下，出现胎儿畸形。

（9）家中的室内植物不易成活，叶子容易出现发黄、枯萎的情况，即使一些生命力较强的植物，也很难在家中正常生长。

（10）家中的宠物如猫、狗或鱼会莫名其妙地出现生病或死亡的情况，尤其是在搬入新居或是重新装修后。

（11）一进入室内便感到咽喉疼痛、呼吸干涩，停留时间过长后还会出现头晕、疲劳等感觉，一旦离开该区域，这些症状便迅速消退，并且同处室内的其他人也有类似感受。

（12）置放超过一年的装修材料、装饰用品或家具仍然具有较强的刺激性，如刺激眼部或刺鼻气味等。

当出现单个或多个上述不适症状时，说明所处的室内空气环境可能已在威胁身体健康，身体正在发出警告。为避免给健康留下后续的健康隐患，在察觉到先兆症状时，需尽快采取相应措施，解决潜在的室内空气污染的问题。

若要防患于未然，首先需正视室内空气污染问题，了解如何改善室内空气质量的科学方法，采取合适的防治措施改善室内环境质量，营造宜居的室内环境，以降低室内空气污染对人体健康造成的损害尤为重要。

第一节　室内空气污染来源

室内空气污染物来源于室内污染源的生成过程和室外污染物向室内的扩散过程。例如装修装饰材料、家具、电器都可能散发的有毒有害物质；吸烟、烹调、取暖时产生的污染物，以及大气细颗粒物、氮氧化物、硫化物等室外污染物的侵入，会使室内成为空气污染的重灾区。因此了解各种污染物的来源和扩散机理，采取针对性措施，可以在一定程度上实现室内空气污染物的控制。

室内空气污染物来源可以归纳为以下五个部分[5]：

一、室内建筑和装修材料

随着近几年人们生活水平的提高，室内装饰装修逐渐繁杂。与此同时，一些劣质建材"乘虚而入"，由于价格低廉而被广泛使用。这些劣质材料向室内不断散发有毒有害气体，诸如甲醛、挥发性有机污染物、氨气和氡气等，使室内空气质量恶化，严重危害人体健康。

其中劣质的建筑材料，如天然石材、砖瓦、黄沙、土壤等可能含有放射性元素，一旦衰变成氡，便会不断向室内释放氡气。

冬季建筑施工在混凝土、砂浆中添加的防冻剂、膨胀剂和早强剂等，含有大量氨类物质，极易还原形成氨气，随着外界环境各项参数的改变，从建筑材料中缓慢释放，造成室内氨气污染。室内氨气污染在我国北方地区较为严重。

此外,石棉和玻璃纤维作为保温、隔热、隔声、防火、净化等建筑材料,广泛用于商住楼宇、公共运输场所及各类工厂厂房中。但是石棉和玻璃纤维存在因纤维断裂脱落而造成"二次污染"的风险,一旦发生便会严重危害人体呼吸系统健康。

目前室内装修所使用的大量装饰材料,比如室内门窗、装修内饰等所用材料多为人造板材。人造板材(包括胶合板、刨花板、纤维板、复合板、饰面板等)在生产过程中使用的胶黏剂,会随着外界温度、湿度的变化而不断释放甲醛,成为室内甲醛的主要污染源。

另外,装修过程中大量使用的油漆、涂料等产品均含有苯、甲苯、二甲苯等挥发性有机污染物,会在装修后缓慢地释放到室内,造成空气污染。

二、室内设施用品

日常家庭用化学品,包括洗涤剂、除垢(臭)剂、杀虫剂、空气清新剂、香水化妆品以及各类报刊书籍印刷品的油墨溶剂都有可能成为室内污染的来源。此外,室内环境中的塑料用品(比如各种塑料内饰、塑料包装袋、电器包装外壳等)中广泛含有增塑剂、阻燃剂等,其会逐渐发生老化,释放半挥发性有机污染物,对人体健康尤其是生殖健康造成严重影响[6]。

现代电器产品,包括复印机、打印机、计算机等也会向室内环境释放各种有害物质,比如臭氧、苯系物和含碳细小颗粒物等,造成室内空气质量的下降。

三、人类活动

人体的新陈代谢过程会产生二氧化碳、水蒸气、氨类化合物和皮肤碎屑等，人们在交谈、咳嗽、打喷嚏时会向外界排放病原微生物。人类在室内的活动也会将地面、墙壁、家具表面附着的灰尘、微生物等搅动到空气中。此外，烹调过程中劣质燃料的不完全燃烧会产生一氧化碳和甲醛等有害物质，也是室内空气污染的一个重要来源，并且我国的烹调方式存在大量煎炸翻炒过程，易产生大量颗粒物和多环芳烃，污染室内空气。

四、室内生物性污染源

室内生物污染源来源复杂，需要根据不同环境具体分析。医院的生物性污染源主要是呼吸道传染病病人。其他公共场所和居住环境的污染源主要是建筑设施和动、植物等，如毛毯、床褥滋生的尘螨，厨房卫生间等潮湿环境中生长的霉菌、细菌，以及蟑螂、老鼠、臭虫、白蚁等的分泌物、排泄物等。另外，建筑设备中的暖通空调也是众多微生物的滋生场所。

五、室外污染源

室外污染源可从门窗缝隙扩散进入室内。室外来源的污染物主要包括自然扩散的室外污染物和人为带入室内的室外污染物。室外污染物包括工业废气、汽车尾气等人为污染物，也包括地震、火山喷发等不可抗自然灾害引起的污染。

第二节　室内空气污染的控制

根据上述室内空气污染物的来源解析，目前室内空气污染控制具体措施可以包括污染源控制、通风换气和室内空气净化技术。

图4.3　室内空气污染控制措施

一、室内污染源控制

污染源控制指的是从源头控制污染物的产生或释放，或者修建屏障从而达到隔离污染物进入室内的目的。该方法被视为是减少室内空气污染、改善室内环境最根本有效的措施。

室内空气污染有多种来源，既包括室内装修装饰材料及家用设施用具，又包括人体自身代谢和生活起居活动。依据污染物的存在形式，可分为颗粒污染物和气态污染物两大类。颗粒污染物可分为非生物粒子和生物粒子。气态污染物指以气体状态存在的污染物，可分为无机气态污染物和有机气态污染物。对室内污染物进行来源控制，更需要"对症下药"。

1. 颗粒污染物的来源控制

室内空气中的颗粒污染物主要为悬浮的固体微粒和液体粒子，具体来说包括灰尘、花粉、毛发、皮屑，以及致病的细菌、病毒、霉菌、尘螨等。根据颗粒物的种类不同，我们将其分为非生物粒子和生物粒子两种，并分别介绍二者的来源控制。

（1）非生物粒子的来源控制

悬浮在室内环境中的非生物粒子，既包括从室外大气环境进入室内的各种尺寸大小的粉尘，也包括室内吸烟或是烹饪过程产生的固体颗粒物以及油烟。室内颗粒物来源主要有：室内产生，比如抽烟、烹饪等过程；室外来源。

室内产生的颗粒物主要为抽烟和烹饪过程产生的烟雾。针对烟草烟雾，室内禁烟是降低其浓度最便捷有效的措施。针对烹饪烟雾，改造炊具和推广使用清洁能源则是有效的两种方法。此外，使用高烟点的厨具和食用油也能从一定程度上减少烹饪烟雾的产生。劣质燃料的燃烧会产生大量烟雾，污染室内环境，因此改善炉灶，提高其燃烧效率能够大大降低室内烹饪烟雾浓度水平。另外，改善炉灶的排放率，加大烹饪烟雾排出室内的能力，也有助于降低室内颗粒物浓度。此外，不同燃料的颗粒物释放量不同，如木材、秸秆等燃烧产生的颗粒物量就明显高于煤燃料和天然气，因此推广使用清洁能源是控制室内颗粒物浓度的重要手段之一。

（2）生物粒子的来源控制

室内生物粒子包括细菌、病毒、霉菌、尘螨等。致病微生物悬浮在空气中，经由呼吸道入侵易感者机体，造成个体感染。同时，病原体在病人呼吸道黏膜上寄生和繁殖，当患者呼吸、讲话、打喷嚏、咳嗽时，会喷出附有病原体的生物颗粒物，这些颗粒物可以长时间悬浮于空气中，具有传染性，感染其他易感个体，造成呼吸道传染病的爆发。

生物粒子的控制，主要为消毒杀菌控制和高效通风净化两个方面。紫外线是有效抑制或杀灭空气中微生物的重要技术手段，在室内安装紫外灯，并定期开启使用，可以有效降低室内生物粒子浓度。使用紫外线杀菌要注意紫外灯的安装布置是否合理。若造成空间辐射强度不均，不仅会降低紫外线杀菌效率，还会造成能源、资金的浪费。等离子体杀菌是近年来新兴的一种室内除菌技术，该技术的原理是利用高频电场激发卤素气体，产生等离子体，从而杀灭微生物。这种方法快速、安全，但目前技术还不够成熟、设备成本较高。高效通风净化指的是利用室内空气净化设备拦截空气中的生物粒子。空气中的致病微生物颗粒通常与室内细颗粒物尺寸大小相当。因此室内空气净化设备在过滤空气中细颗粒物的同时，也能有效拦截致病性生物气溶胶。目前，研究人员已开发出多种杀菌过滤材料，使室内净化设备在拦截致病微生物的同时，也能将其杀灭，从而降低室内空气中生物粒子的含量。

2. 气态污染物的来源控制

（1）有机气态污染物的来源控制

几种典型的室内有机气态污染物包括甲醛、苯系物等挥发性有机气态污染物。

甲醛污染主要来源是人造板材，人造板材中添加有酚醛树脂和脲醛树脂，酚醛树脂和脲醛树脂中含有的游离的甲醛会缓慢向外界释放。此外，含有甲醛的其他装饰材料，例如壁纸、地毯、油漆和涂料等也可能向外界释放甲醛气体，但其释放速率远低于人造板材。因此控制人造板材的使用，或是对人造板材的生产过程实施质量监督是最有效的甲醛气体来源控制手段。具体措施有[7]：

a. 对人造板材进行后处理

对已制得的含甲醛树脂的人造板采用氨水、氯化铵或是尿素水溶液浸渍处理，可以有效减少人造板材的甲醛释放量。或者对人造板材进行 400 ℃ 烘烤，加速其甲醛释放，再投入使用。此外，在人造板材上覆盖羊毛纤维，可以吸收释放的甲醛。但人造板后处理技术对于减少甲醛释放量的效果十分有限，并不能从根本上解决甲醛的室内污染问题。

b. 室内熏蒸处理

对于已建成的房屋，可以利用氨气熏蒸的方式处理，这种方法效果显著，但容易造成室内氨气浓度过高，影响人体健康。此外，氨气还可能对一些装修内饰和设施用具的颜色产生不良影响，因此该法已被市场逐步淘汰。

c. 设置甲醛捕捉层

在某些纸基材料内加入甲醛捕捉剂，将这些纸基材料覆盖在人造板材或是其他会释放甲醛的装饰材料上，这种方法可用于捕捉释放的甲醛。甲醛捕捉剂一般为具有氨基官能团或是胺类结构的化合物，如胲基脲、酰胺、乙撑脲等。另外，也可在纸质材料上附着水溶性亚硫酸氢钠或亚硫酸氢钾，这些无机化合物可与空气中的甲醛或是乙醛反应，生成羧甲基化合物，从而降低室内甲醛含量。

　　d. 设置甲醛封闭层

　　在人造板材表面涂刷具有封闭功能的涂料，可有效降低人造板材向外界散发的甲醛量。同时，如果选用能与游离醛发生反应的涂料，还能对内部板材散发的甲醛进行降解。研究表明，人造板材的甲醛释放量和涂料的用量、涂料的抗渗性，以及可与甲醛反应的添加剂的种类和用量密切相关。

　　VOCs 种类甚多，主要包括芳香烃、脂肪烃、卤代烃等，一般来说沸点范围在 50～260 ℃。因此，它们在正常室温及常压下容易挥发。室内所使用的建筑材料（如人造板、防火隔热材料等）、装修用品（如黏合剂、涂料）、装饰用品（如壁纸、地毯）、设施用具（如家具、激光打印机、复印机）等均会散发 VOCs。若这些物质短暂或长期超过正常水平，就会影响室内空气质量；长期暴露于高浓度 VOCs 环境中，可导致人体的中枢神经系统和肝、肾病变，使血液中毒。

　　针对 VOCs，一般的来源性控制如下：

　　a. 避免使用高 VOCs 的产品

　　控制 VOCs 释放来源的最佳方法是避免使用 VOCs 释放潜力高的产品，在施工和装修过程中选用符合国家标准的材料，可以有效降低室内 VOCs 污染。

　　b. 室内陈化处理

　　室内建筑材料和装修材料多种多样，不同产品间的性能差异大，释放 VOCs 的潜力也各有不同，选购安全适用的产品并不容易。因此，在建筑物建成或是装修完成之后，我们可以通过陈化措施使室内 VOCs 的浓度尽快下降到安全水平。

陈化措施就是指在一段时间内保持建筑物内部较大的通风率。一般来说，VOCs 释放量的衰减非常快。研究表明，建筑物完工后六个月，VOCs 浓度将显著降低。其中需要强调的是，控制好建筑物内环境小气候，调控室内温、湿度，使之利于 VOCs 释放，可有效加快陈化进程。具体来说，VOCs 的释放率与建筑物内部温度成正比，与相对湿度成反比，温度越高、相对湿度越低，越利于 VOCs 的释放。近年来，为了减少新建筑物的 VOCs 水平，一种有效且安全的办法——"烘赶"应运而生。这种方法就是在入住前让新建筑物的室内维持较高的温度，并保持正常的通风，以加快 VOCs 的释放。

（2）无机气态污染物的来源控制

无机气态污染物包括一氧化碳、二氧化碳、二氧化硫、氮氧化物、氨气和氡气等。室内的一氧化碳来源主要是抽烟和烹饪。劣质燃料的燃烧会产生大量一氧化碳，而一氧化碳十分稳定，难以被氧化。

目前，对室外一氧化碳的产生进行控制较为困难，而对于室内一氧化碳的控制，可以通过设置屏障来阻隔室外的一氧化碳逸散进入室内，以及选用质量较好的炊具，采用清洁能源和加强室内通风等措施。

二氧化碳是大气中的常见气体，但近年来的高速工业化使大气中的二氧化碳含量迅速上升，造成温室效应。室内二氧化碳主要来源是人体呼吸过程和烹调行为，室内二氧化碳的源控制以加强通风换气为主。

二氧化硫是造成酸雨和酸雾的主要物质，是大气中主要污染物之一。二氧化硫主要来自于火山喷发，或是化石燃料的燃烧过程。室内二氧化硫的来源控制可以考虑使用清洁能源，以及加强室内通风。

氮氧化物一般来源于火山喷发或是森林火灾、雷电等，机动车尾气和工业生产也会产生氮氧化物，室内的吸烟和烹调过程也是来源之一。研究表明，液化石油气灶具的氮氧化物排放量是煤气灶的 15 倍。因此，使用清洁能源和改善家用炊具是控制室内氮氧化物浓度的主要方法。

氨气是一种无色气体，有刺激性气味，主要来源于建筑材料，如混凝土中的添加剂（早强剂、防冻剂、膨胀剂）和装修材料的黏合剂、涂料添加剂等。对于室内氨气污染最有效的控制方式是预防控制，比如在施工时，尽量限制或避免混凝土添加剂的使用，选用不含添加剂或是增白剂的涂料，不使用人造板材等装修材料。另外，也可在室内墙体、家具暴露面、楼面涂刷气密性涂料，对可能逸散的氨气进行密封处理，隔绝其释放途径。最后，加强室内空气流通也是可行措施之一。

氡及其子体一般来源于放射性物质比如镭的衰变。建筑物地基中的砂土和岩石，以及一些大理石、花岗岩等天然建筑石料都会释放氡气。氡气的源头控制，包括正确选择房屋建造地址，铺垫隔离土层、合理处理地基，强制沉积悬浮的氡，涂刷防氡涂料、设置覆盖材料等措施，可避免氡因室内负压从墙缝或是砖缝中进入屋内。

二、自然通风稀释

自然通风指的是人们利用自然方法（热压、风压等）进行通风换气，不需要额外消耗能量，因此具有使用成本低廉、利于大众身心健康、满足节能减排和可持续发展的优点[8]。

自然通风是人们保障室内健康和空气品质最原始的手段。当室外环境空气的温、湿度适宜时，自然通风能够有效改善室内空气环境。同时，当室外空气污染物浓度较低时，自然通风将室外新鲜空气引入室内，稀释室内污染物，并将一部分室内污染物通过通风换气过程排出室外，从而提高室内空气质量。

一般来说，自然通风主要有热压通风和风压通风两种情况，但由于室外气象条件瞬息万变，温度、风速和方向都难以控制，因此自然通风的换气效率并不稳定。此外，虽然自然通风能将室外干净气体引入室内，但也可能将室外被污染气体带入室内，造成室内污染"不降反升"，所以当室外温度过高或过低，过于潮湿或是过于干燥，以及重度污染时，均不宜采用自然通风。

三、室内绿化

绿色植物对室内空气污染物的净化功能主要是吸收室内空气中有毒有害的化学气体，同时绿色植物还具有一定的杀菌功能、大气环境修复功能和监测功能。

相较物理净化和化学净化技术，绿色植物净化技术不仅成本低，产生的废物量也少，不易造成"二次污染"，并且还能美化室内环境[9]。此外，绿植净化还有其他益处，如植物的蒸腾作用能增加房间湿度，绿色环境可提高人体身心舒适感。诸多研究表明，植物能够通过光合作用去除二氧化碳，通过根系中微生物的代谢过程净化空气中多种VOCs，还可捕捉一定量的大气细颗粒物。但需要注意的是，由于植物净化的效率较低，独立使用该法净化室内空气尚存难度。植物净化技术目前更多用于缓解室内空气污染。

1. 绿色植物对毒害气体的吸收作用

绿色植物对室内毒害气体的净化过程通常分为持留和去除两个步骤。持留过程涉及植物的截获、吸附、滞留等，去除过程包括植物吸收、降解、转化和同化等。绿植净化一般为多过程协同作用机制，或是同时具有转化同化过程，对污染物不仅具有吸附和吸收功能，同时还可利用自身代谢过程完成污染物在体内的转化。绿色植物对于室内空气中的有毒有害气体的吸附和吸收过程，主要发生在植物的地表部分及叶片的气孔。另外植物土壤中的微生物也是吸收有毒有害物质的得力助手。并且这些与植物共同生长的土壤微生物，随着世代更替与繁殖后，其吸收化学物质的能力还会逐步增强。

绿色植物对空气中有毒有害物质的吸附过程是物理过程。吸附功能的强弱与植物叶片表面结构（如叶片形貌、表面粗糙度）、叶片生长角度和叶片表面分泌物有关。植物的表面可以吸附空气中细颗粒物、某些气体分子（臭氧、二氧化硫等）或亲脂性有机污染物（多氯联苯和多环芳烃）。

绿色植物对空气中有毒有害物质的吸收主要通过气孔。植物叶面的气孔可以直接吸收和储存有毒有害气体。当空气湿度增大或者叶片表面变得湿润时，植物对于某些水溶性物质，如二氧化硫、氯气等的吸收能力将显著增强。通过改变光照条件控制叶片气孔的开闭也可显著影响植物对污染物的吸收能力。另外，气候也是影响植物吸收污染物能力的关键因素，大部分植物在春、秋两季吸收能力更强。对于空气中某些挥发性气态污染物，污染物本身的物理化学性质（如污染物分子量、溶解性、蒸气压等）会直接影响植物对其的吸收能力。

并且一些树木散发的精油对氨气、二氧化硫、二氧化氮等气态污染物也有去除功能。研究显示，冷杉和柳杉的叶油对氨气具有很好的清除效果。使用柳杉的叶油为主要成分制作甲醛捕集剂，不仅可以捕集甲醛，还可释放出具有"清爽感"的挥发性香气。

2. 绿色植物的杀菌作用

空气中的细颗粒物常会携带细菌，绿色植物表面的吸附功能在去除空气细颗粒物的同时也在一定程度上捕获了空气中的细菌。同时，某些树木还能分泌挥发性杀菌物质，具有杀菌功能。

3. 绿色植物对室内空气环境的修复功能

绿色植物净化技术与传统室内净化技术的最大区别在于，绿色植物可对室内环境进行修复。植物通过叶面气孔吸附、吸收有毒有害污染物，再通过自身代谢降解污染物。植物内含有一系列相关的代谢酶，能直接降解污染物，如植物中的酶可以直接降解三氯乙烯，最后生成二氧化碳和氯气[10]。

植物对污染物还具有转化功能。植物转化是指植物通过自身生理过程将污染物转化成低毒低害物质。大气有害物质中含有的硫、碳、氮等元素是植物生命活动所需要的营养元素。植物可通过气孔吸收二氧化碳、二氧化硫、二氧化氮等气体，通过自身代谢过程，将这些气体以有机物的形式储存在氨基酸和蛋白质中，促进自身生长，缓解大气污染。

通过植物自身的代谢过程，使大气中的有害物质得以转化、去除，变成对植物生长有益的物质，在净化空气的同时实现环境的修复，具有良好的综合生态效益。

4. 绿色植物对室内空气污染的响应和监测

植物同动物以及人类一样，作为有生命力的有机体，能不断地与外界环境进行新陈代谢和物质交换。外界环境中的有害物质同样会对植物产生影响。这些影响会以各种形式体现在植物的各个部位，而且某些植物对特定有害因子的反应可能比人还要灵敏。比如二氧化硫、臭氧等有害气体都会使绿色植物的叶片出现花斑、小点或坏死现象。因此，可在一定程度上利用植物对空气中有害因子的反应实现室内空气污染的监测。

四、空气净化技术对室内空气污染的控制

1. 机械通风

机械通风指的是利用机械手段（风机、风扇等）强制驱动室内外气体流动，从而达到气体置换的目的。机械通风和自然通风相比，最大的优点是可控性强。调整进出风口面积、风道布置方式即可调整室内外通风换气效果[11]。

一般来说，机械通风分为三种方式：第一种是依靠送风机和排风机实现室内外空气流动，这种机械送排风方式通常还会在通风管道内安装相关的热交换装置或是过滤器，使机械通风除了能控制室内温湿度，还能同时降低室内污染物浓度。第二种是通过机械送风在室内形成正压，通过室内预开口或门窗完成室内空气向室外排出的过程。第三种是通过机械排风在室内形成负压，通过室内预开口或是门窗向室内自然送风。

2. 室内空气净化

室内空气净化是指借助净化设备去除室内空气污染物，使室内空

气质量达到理想水平。目前，室内空气污染净化技术可大致分为两类：物理法和化学法。物理法空气净化技术，是指通过物理拦截、物理吸附等方式将空气中的污染物去除，降低室内空气中污染物的浓度，达到净化室内空气的目的。化学法空气净化技术，是指通过化学反应将空气中的污染物吸收或降解，从而实现污染物浓度的降低，净化室内空气。

（1）物理法室内空气净化技术

物理法室内空气净化技术通常采用过滤和吸附两种方式进行净化，而其中过滤技术又可分为机械过滤和静电除尘。此外，近年来市场上出现的水洗式除尘空气净化设备也属于物理法室内净化技术范畴。

1）机械过滤。机械过滤又称纤维过滤，净化对象为空气中的颗粒污染物，即非生物粒子和微生物。其原理是当空气经过纤维过滤材料时，空气中的颗粒污染物被纤维材料截留，颗粒污染物与空气分离，从而净化空气。其基本机理可分为拦截效应、惯性碰撞、布朗扩散、静电作用和重力沉积[12]。

拦截效应：当某一粒径的颗粒沿气体流线流经纤维附近时，由于气流流线离纤维表面的距离小于颗粒半径，颗粒无法穿透纤维，这时颗粒与纤维接触而被捕集，这种机制即为拦截效应。

惯性碰撞：当颗粒拥有较大质量或以较高速度运动时，由于惯性作用，一部分颗粒会偏离流线碰撞到纤维上而被捕集，这个过程即为惯性碰撞。颗粒粒径越大，气流流速越快，惯性碰撞越明显。

布朗扩散：当含尘气流中颗粒粒径小于 1 μm（尤其是小于 0.1 μm）时，颗粒和气体分子相互碰撞后形成无规则的运动，部分颗粒碰撞到纤维上而被截留，即为布朗扩散。

静电作用：纤维或颗粒都可能带有电荷，产生能够吸引颗粒的静电效应，而将颗粒吸附于纤维表面。

重力沉积：颗粒物通过纤维层时，因重力沉降作用而沉积到纤维上。质量越大的颗粒越容易被过滤材料捕获。对于大多数颗粒来说，重力作用对其过滤影响显得微乎其微，尤其当粒径小于 0.5 μm 时，这种作用完全可以忽略。

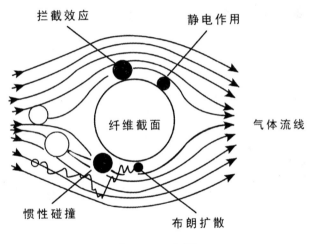

图 4.4　过滤机理示意图

机械过滤具有过滤效率高、成本低廉、使用简便等优点，但其滤材需频繁更换、风阻较高、易滋生细菌等缺点影响其应用。针对滤材风阻较高的问题，室内空气净化的过滤器通常采用无分隔板的折叠结构，滤纸总面积为过滤器迎风面积的几十倍，可以显著降低风阻，但尽管如此，仍达不到静电除尘器的低阻力。为解决纤维表面细菌滋生的问题，具有抗菌作用的纤维受到市场的关注。当细菌吸附在抗菌纤维的表面时，细菌将因纤维中的抗菌成分而失活。

机械过滤主要滤材包括纤维素滤材、石棉类滤材、合成纤维滤材和玻璃纤维滤材等。高效空气过滤网（High Efficiency Particulate Aair Filter，HEPA），是国际公认的高效过滤材料，由多组分纤维制成，它对直径 0.3 μm 以上微粒的去除效率可达到 99.90%，是烟雾、灰尘及细菌等污染物最有效的过滤媒介。过滤材料的捕集效率随着纤维直径的减小而增大。由纳米纤维构成的滤材，可使滤纸的名义孔径明显减小，并大幅增加比表面积，能将更多的细颗粒物拦截于滤纸表面，从而将过滤机理从深层过滤变为表面过滤。同时，由于滑移效应的存在，层叠存在的纳米纤维并没有明显增加滤纸的进气阻力，实现了过滤效率与压力降的完美平衡。因此，在过滤材料中使用纳米尺寸的纤维是目前过滤材料的应用趋势[13,14]。不过传统的高效空气过滤网（HEPA）寿命比较短，一般 3~6 个月需要替换一次。

目前，有一种以铜为主要成分并添加了其他合金元素高温烧制而成的 SC 金属净化膜过滤材料，通过金属间化合物的直接拦截、搭桥拦截、惯性碰撞、镜像力捕集*等物理过滤方式，拦截花粉、细菌、尘埃、PM$_{2.5}$ 等细微颗粒物，过滤效率达 99.99%，过滤精度也稳定可靠。相较于纤维过滤膜，金属净化膜的孔径小，污染物不能通过空隙，且金属表面光滑、无静电，污染物易脱落、易清扫，使用寿命较长[15]。

镜像力捕集：当呈电中性的颗粒物与金属间化合物膜充分接近并存在一个界面时，中性颗粒会被极化，内部电荷发生迁移，从而使颗粒物与多孔膜之间产生被称为"镜像力"的吸引力，增加了细颗粒物被捕集的机会。

图 4.5　纤维滤膜与 SC 金属净化膜

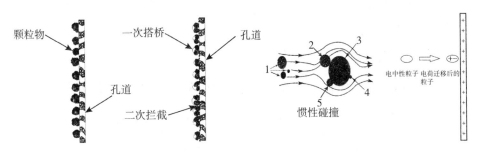

图 4.6　SC 金属净化膜过滤颗粒污染物机理[23]

2）静电除尘。静电除尘技术是指含尘空气经过高压电场时被电离为正离子和电子，带电粒子在电场力作用下做定向运动，运动中与颗粒碰撞，使颗粒荷电，荷电后的颗粒也在电场力作用下，定向运动到电极板上，并沉积下来，从而从气流中分离出来，达到净化空气的目的[16]。

与机械过滤相比，静电除尘技术具有以下优势[17]：

▲ 无须更换滤料：只需定期清洗电极板上沉积的颗粒物，即可重复使用；

▲ 处理气体量大，风阻低：静电除尘器的电极板间距较大，可允许大量气体通过，且风阻较小；

▲ 具有杀菌功能：当微生物经过高压电场时，微生物细胞核将会被破坏，实现杀菌作用。

静电除尘技术的缺点主要在于[17]：

▲ 产生有害副产物：采用高压静电技术，会产生低浓度臭氧、氮氧化物等有害副产物，危害人体健康；

▲ 净化效率低：难于达到机械过滤的高效净化；

▲ 受环境影响大：净化效率易受湿度、悬浮物种类（如粉尘比电阻）等因素的影响；

▲ 成本较高：设备相对复杂，一次性投资大。

3）吸附法。吸附法是利用多孔吸附剂对空气中的有害气体进行吸附，使有害气体从空气中去除，达到净化空气的目的。吸附是一种固体表面现象，由于固体表面的分子与固体内部的分子所处位置不同，其表面上的分子所受到的力处于不平衡状态。因此固体表面力是不饱和的，会对表面附近的气体（液体）分子具有吸引力，即吸附作用[13]。当吸附剂比表面积很大时，这种吸附力表现尤其显著。吸附法一般是物理过程，但如果对吸附剂进行改性，使其与污染物发生化学反应，也存在化学过程，这里暂归于物理法空气净化技术。

吸附法包括物理吸附和化学吸附，它几乎适用于所有的有害气体，是脱除有害气体的一种高效常用方法。

物理吸附主要利用吸附剂所具有的独特孔隙结构和大比表面积来吸附有害气体，吸附过程中物质不改变原有性质，其作用力主要是分子间作用力，即范德华力。物理吸附的优点是：吸附速度快，可吸附一切气体；缺点是：与气体结合力弱，易脱附形成二次污染，吸附饱和后需更换或再生。此外，物理吸附没有明显的特异性吸附能力，对特定污染气体吸附能力差。因此，当针对特定污染气体时，需对吸附剂改性，增强其特异性吸附能力。

化学吸附则是以吸附剂（如活性炭、硅胶、分子筛和氧化铝等）作为载体，经适当工艺将一些活性化学物质（如酸碱、胺或氨基类、高锰酸钾等）修饰在吸附剂表面，然后通过吸附剂表面的活性化学物质与空气中有害气体发生化学反应，去除空气中有害气体，净化空气。化学吸附的优点是：能与有害气体进行化学反应，提高对有害气体的吸附能力，同时由于化学反应的特异性，增强对特定污染物的选择性吸附；缺点主要在于：使用寿命同样有限，需定期更换或再生，此外修饰的活性化学物质可能脱落造成污染。De Falco 等[18] 采用硫脲和三聚氰胺修饰活性炭，通过引入大量含氮基团，提升活性炭对甲醛的特异性吸附容量。实验结果显示，经硫脲和三聚氰胺改性的活性炭，其对甲醛的穿透容量由原来的 0.25 mg/g，分别提升到 0.40 mg/g 和 0.66 mg/g。不同于物理吸附，化学吸附过程中伴随着化学反应，物质将发生改变，从而转化为其他物质。

理想的吸附剂一般具有以下特点：比表面积大、孔隙结构适宜、易再生使用、机械强度高、来源广泛、成本低廉。常见吸附剂主要有活性炭、分子筛、介孔材料、硅胶、活性氧化铝等，其中活性炭因价格便宜，吸附容量大，可吸附气体的种类多，而被广泛使用。

4）水洗式除尘。水洗式除尘是指当污染空气经过水膜时，空气与水接触，空气中的颗粒物以及水溶性物质（如甲醛等）溶入水中，与空气分离，净化空气。水洗式除尘还具有加湿空气，增加室内环境舒适度的优点。然而由于水洗式除尘净化效率低，且每天需换水，否则易滋生细菌，危害人体健康等缺点，限制广泛应用[17]。因此，目前采用水洗除尘的净化器较少。

（2）化学法室内空气净化技术

化学法室内空气净化技术可分为光催化净化技术、低温等离子体净化技术、臭氧氧化净化技术、负离子净化技术和室温催化净化技术。

1）光催化净化技术。光催化净化技术是指光照射某些半导体材料时，如二氧化钛（TiO_2），氧化锌（ZnO），氧化锡（SnO_2），二氧化锆（ZrO_2）等，光激发电子跃迁到导带，形成导带电子（e^-），同时在价带留下空穴阶（h^+），这些电子或空穴能够与吸附在材料表面的污染物产生氧化还原反应，从而将有害的污染物分解成无害的 CO_2 和 H_2O 等气体，实现净化空气的目的[16]。光催化技术被誉为"当今世界最理想的环境净化技术"。

光催化净化技术的优点在于耗能低，环境友好；缺点主要是对可见光利用率低，光催化反应净化效率还有待提高，污染物难以完全矿化；以及反应过程中可能会产生有害副产物。如光触媒自身价带电子与空穴易于复合，导致了光触媒光催化分解效率低下。近年来，研究人员致力于通过将光触媒负载于活性炭纤维上，希望通过结合碳纤维促进电子与空穴的分离，同时提高污染物的局部浓度，实现光触媒净化效率的提升。此外，对光触媒进行改性，使其能更高效地利用自然光进行光催化反应，也是当今研究的重点方向[19]。

2）低温等离子体净化技术。等离子体被称作是除固态、液态和气态之外的第四种物质存在形态。其中用于室内空气净化的主要是非平衡低温等离子体，在这种状态下，空气的电离率比较低，离子温度也比较低，而电子处于高能状态。在低温等离子体中包含大量的高能电子、正负离子、激发态粒子和具有强氧化性的活性自由基，这些活性粒子能与有害气体分子发生化学反应，最终将有害气体分子分解为无害的产物。低温等离子体的优点是几乎能够处理任何有机气态污染物，同时对微生物也有显著的灭活效果，其不足主要在于一次性投资高，运行电压高，耗能大。此外，可能产生臭氧，氮氧化物和其他有害副产物，危害人体健康[20]。

3）臭氧氧化净化技术。臭氧是一种强氧化性气体，可氧化降解大部分室内气体污染物，同时杀灭各种微生物，实现空气净化。但由于臭氧本身的强氧化性，对人体健康亦存在严重危害，尤其是呼吸系统。因此使用臭氧净化室内空气时，要特别注意人身安全。此外，臭氧在与室内污染物反应过程中，会产生二次气溶胶等有害污染物。总体而言，低浓度臭氧净化效果不明显，而高浓度又会对人体产生危害，从而限制了臭氧在室内空气净化的应用。

4）负离子净化技术。负离子净化技术是指通过负离子使小的灰尘凝聚成大的带电颗粒，加速沉降，达到去除颗粒物的目的，实现空气净化。此外，负离子净化技术还具有消毒和杀菌的作用，它可使蛋白质表层电性两极发生颠倒，使细菌死亡。负离子净化技术的缺点在于有负离子吸附的悬浮颗粒会附着在室内的墙上或家具表面，难以被清除或被排出室外，长久使用高浓度负离子会导致墙壁、天花板等吸附污垢[21]。

5) 室温催化净化技术。室温催化净化技术是指在室温、无光条件下，高效催化氧化降解污染物的净化技术。目前常用于室温催化剂主要被分成两大类：贵金属催化剂和非贵金属催化剂。贵金属催化剂研究主要集中在铂（Pt）、钯（Pd）、金（Au）、银（Ag）等贵金属。这类贵金属催化剂，具有活性高、稳定性好、耐高温等优点。如中国科学院生态环境研究中心贺泓院士研究组所研发的高效室温甲醛催化剂 Pt/TiO_2。该催化剂在无光照和加热的室温条件下，即可将甲醛催化氧化为无毒无害的 CO_2 和 H_2O。在此基础上，研究组通过添加碱金属，减小 Pt 颗粒粒径和增加 Pt 颗粒分散度，进一步提升催化剂活性，同时极大降低催化剂的成本，使其更有利于广泛推广[22]。

贵金属属于稀缺资源，因此贵金属催化剂的成本较高，导致其应用受到很大限制。近年来，非贵金属催化剂越来越受到关注。目前，非贵金属催化剂主要有过渡、稀土金属氧化物和复合氧化物催化剂等，其中锰氧化物由于高活性和低毒性成为了当下研究的热门。

目前，一种复合了负载型纳米活性锰触媒的 SC 催化分解毡，对甲醛等有机污染物具有高效的分解去除作用。纳米活性锰触媒在室温下可以强烈促进甲醛（HCHO）中的醛基官能团与空气中的氧气发生氧化还原反应，产生无毒的二氧化碳和水，无须光照处理，不产生二次污染。同时，借助纤维骨架材料的吸附作用，对空气中较低浓度的污染物进行表面富集，加快催化降解的速率，抑制了中间产物的释放，促进污染物的完全氧化；纳米活性锰触媒的高效催化作用则促进了甲醛等污染物分子向催化剂表面的迁移，从而更好地实现纤维骨架材料的原位再生，延长使用寿命，具有良好的"协同效应"，有效弥补了单一吸附技术的缺陷[23-26]。

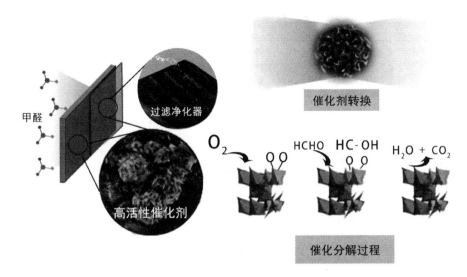

图 4.7 催化剂催化分解甲醛过程示意图

第三节 室内空气净化技术的未来发展方向

　　通过对上述主要空气净化技术现状的分析，可以看出目前各种净化技术都存在一定缺陷，单一的净化技术难于有效的处理空气中所有种类的污染物。因此优化集成多种净化技术，研制多功能空气净化设备成为了当今重要的研究方向之一。例如，将活性炭吸附技术与光催化氧化技术联用，实现取长补短、优势互补。借助多孔吸附剂的吸附作用为光催化提供较高浓度的污染物环境，提高催化反应速率；而光催化作用将吸附剂富集的污染物降解，实现吸附剂的原位再生，解决吸附剂吸附饱和的问题[27]。

表4.1 各种空气过滤技术的特点

过滤技术	金属膜过滤技术	纤维过滤技术	高压静电技术	负氧离子技术
过滤性能	过滤效率高 过滤精度稳定	过滤效率高 过滤精度稳定	过滤效率低 易受环境影响	过滤效率低
除甲醛能力	可吸附分解甲醛	N/A	可分解甲醛	不明显
抗菌能力	材料自身抗菌	添加抗菌成分 可抗菌	有杀菌功能	有杀菌功能
再生能力	可再生自清洁 可重复使用	N/A	可再生 可重复使用	可再生 可重复使用
二次污染	无二次污染	易滋生细菌	产生的臭氧 对人体有害	只沉降颗粒物 无清除作用
使用寿命	使用寿命 大于传统滤材2倍	3~6个月	使用寿命很长	使用寿命较长

目前，有一种由过滤颗粒污染物的 SC 金属净化膜、分解甲醛等气态污染物的 SC 催化分解毡和金属支撑网组成的新型 SC 金属净化催化高效复合膜，集多种过滤材料和技术优势于一体，对不同污染物的过滤效果的表现均十分优异。

SC 金属净化膜清除 $PM_{2.5}$ 的效果显著，可以有效防止颗粒物对催化材料的污染，从而提高催化剂的稳定性。它与纤维骨架吸附材料、负载型纳米活性锰触媒复合处理后，可在高效去除 $PM_{2.5}$ 的同时，将甲醛等气态污染物分解成无毒的二氧化碳和水，非常环保。

金属净化膜材料是由多种金属烧制而成，本身含有大量带正电荷的金属阳离子，可破坏细菌细胞体内部的酶类活性中心，使细菌失去分裂增殖的能力而死亡。另外，因为不同金属元素的电极电位不同，二者之间存在一定的电位差，从而在金属间化合物膜表面形成微电场。细菌在电场力的作用下，细胞壁和细胞膜上的负电荷分布不均匀造成变形，细菌细胞壁和细胞膜发生物理性破裂，细胞内的核苷酸、蛋白质等渗出体外，发生"溶菌"现象，致使细菌死亡。区别于静电除尘技术原理，整个除菌过程不会产生臭氧等二次污染物[28,29]。

图 4.8　SC 金属微电场除菌示意图

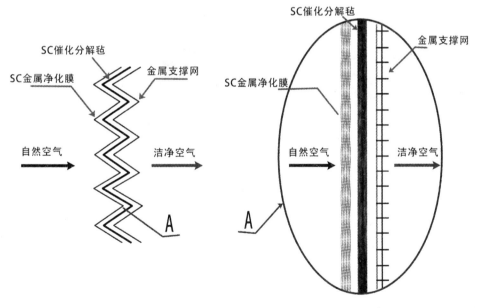

图 4.9　新型 SC 金属净化催化高效复合膜结构示意图

新型 SC 金属净化催化高效复合膜集成了净化 $PM_{2.5}$、抗菌抑菌、去除甲醛等技术和功能，是新一代复合式空气净化技术的代表。它可通过直接拦截、搭桥拦截、惯性碰撞、镜像力捕集四种物理过滤方式完成对 PM$_{2.5}$、花粉、细菌、尘埃等细微颗粒物的净化，过滤效率高，过滤精度也稳定可靠。

第四节　室内空气净化器的选购标准

2015 年 9 月 15 日，GB/T 18801-2015《空气净化器》国家标准正式公布，2016 年 3 月 1 日，GB/T 18801-2015 正式执行。《空气净

图 4.10　中华人民共和国国家标准《空气净化器》

化器》新国标的出台，明确了影响空气净化器净化效果的四项核心指标，即洁净空气量（Clean Air Delivery Rate，CADR）、累计净化量（Cumulate Clean Mass，CCM）、能效等级及噪声标准，这标志着我国空气净化器市场变得更加规范，使消费者选购空净产品有标可依。概括起来，一台优质的空气净化器产品应该"三高一低"，即 CADR 高、CCM 高、能效等级高、噪声低[30]。

一、洁净空气量

洁净空气量（CADR）是指空气净化器在额定状态和规定的试验条件下，针对目标污染物（颗粒物和气态污染物）净化能力的参数，表示空气净化器提供洁净空气的速率，单位是 m^3/h，包含颗粒物 CADR 和气体污染物 CADR。如颗粒物 CADR 为 500 m^3/h，表示 1 小时使用空气净化器对室内颗粒物进行净化，能净化提供 500 m^3 的洁净空气。同理，如甲醛 CADR 为 200 m^3/h，则表示 1 小时使用空气净化器对室内甲醛进行净化，能净化提供 200 m^3 的洁净空气。

二、累积净化量

累积净化量（CCM）是指空气净化器在额定状态和规定的试验条件下，针对目标污染物（颗粒和气态污染物）累积净化能力的参数，表示空气净化器的 CADR 衰减至初始值 50% 时，累积净化处理的目标污染物总质量，单位为 mg。其中，颗粒物 CCM 用 $M_{颗粒物}$ 表示，评价时共分为四级，从低到高分别为 P_1、P_2、P_3、P_4，P 是 Particle 的首字母，对应净化颗粒物的总质量分别为 3000～5000 mg、5000～8000 mg、8000～12000 mg、12000 mg 以上，实测 $M_{颗粒物}$ 小于 3000 mg，不对其进行 CCM 评价，最高级为 P_4。甲醛 CCM 用 $M_{甲醛}$ 表示，同样共分为四级，从低到高分别为 F_1、F_2、F_3、F_4，F 是 Formaldehyde 的首字母，对应净化甲醛的总质量分别为 300~600 mg、600~1000 mg、1000~1500 mg、1500 mg 以上，实测 $M_{甲醛}$ 小于 300 mg，不对其进行 CCM 评价，最高级为 F_4。CCM 代表空气净化器对污染物的净化能力，仅有 CADR 一项高并不意味着空气净化器有效，只有当 CCM 也同样高时，才能证明这台空气净化器不仅净化效率快，而且净化能力也强，滤网使用寿命也越长。

三、净化能效

净化能效是指空气净化器在额定状态下单位功耗所产生的洁净空气量，即 CADR 与额定功率的比值，分为颗粒物净化能效及气态污染物净化能效。当颗粒物净化能效达到 2 时，为合格级；当达到 5 时，为高效级；对于气态污染物净化能效，当达到 0.5 时，为合格级；当达到 1 时，为高效级。也就是说，一台空气净化器不仅要有效，也要节能省电。

四、噪声

空气净化器在额定状态，规定的试验条件下运行，根据其 CADR 实测值有对应的噪声值要求，具体为：

当 CADR≤150 m^3/h 时，机器声功率级噪声应≤55 dB（A）；当 150 m^3/h<CADR≤300 m^3/h 时，机器声功率级噪声应≤61 dB（A）；当 CADR=300m^3/h 时，机器声功率级噪声应≤66 dB（A）；当 CADR>450 m^3/h 时，机器声功率级噪声应≤70 dB（A）（吸尘器工作的声音）。

CADR 值越来越高，机器内部风扇必定要提高转速，这样噪声就会随之升高，一台真正有效的空气净化器不仅要净化效率和能力强，噪声也要越低越好。

一台高品质的空气净化器应具备高 CADR 值+高 CCM 值+高净化能效+低噪声，只有一项好不算真的好，"三高一低"才是真正高品质的空气净化器，消费者在选购的时候可以仔细了解空气净化器四项指标，再做决定购买符合要求的空气净化器。

参考文献：

［1］史德，苏广和．室内空气质量对人体健康的影响［M］．北京：中国环境科学出版社，2005.

［2］张淑娟．室内空气污染与人体健康［M］．北京：科学出版社，2017.

［3］李伟华，李连泉，王军杰，张暖．现代建筑室内空气污染物的危害与防治［J］．洁净与空调技术，2016（3）：71-75.

［4］徐东群，王秦等．空气污染对人群健康影响数据清洗及评价方法［M］．武汉：湖北科学技术出版社，2016.

［5］吕阳，卢振．室内空气污染传播与控制［M］．北京：机械工业出版社，2014.

［6］Wang L X, Zhao B, Liu C, Lin H, Yang X and Zhang Y P. Indoor SVOC pollution in China: A review［J］. Chinese Science Bulletin, 2010, 55 (15): 1469.

［7］李艳莉，尹诗，钟理．室内甲醛污染治理技术研究［J］．环境污染治理技术与设备，2003，4（8）：78.

［8］刘加平．建筑物理［M］．北京：中国建筑工业出版社，2009.

［9］李雪梅．环境污染与植物修复［M］．北京：化学工业出版社，2016.

［10］Irga P J, Pettit T J and Torpy F R. The phytoremediation of indoor air pollution: A review on the technology development from the potted plant through to functional green wall biofilters [J]. Reviews in Environmental Science & Bio/technology, 2018, 17 (2): 395-415.

[11] Yuan Y, Luo Z, Liu J, et al. Health and economic benefits of building ventilation interventions for reducing indoor $PM_{2.5}$ exposure from both indoor and outdoor origins in urban Beijing, China [J]. Science of the Total Environment, 2018, 626: 546-554.

[12] Yang C F. Aerosol filtration application using fibrous media-an industrial perspective [J]. Chinese Journal of Chemical Engineering, 2012, 20 (1): 1.

[13] Li P, Wang C Y, Zhang Y Y, Wei F. Air Filtration in the free molecular flow regime: A review of high-efficiency particulate air filters based on carbon nanotubes [J]. Small, 2014, 10 (22): 4543.

[14] Xiao J, Liang J, Zhang C, et al. Advanced Materials for Capturing Particulate Matter: Progress and Perspectives [J]. Small Methods, 2018, 2 (7): 1800012.

[15] 李婷婷, 彭超群, 王日初等. Fe-Al、Ti-Al 和 Ni-Al 系金属间化合物多孔材料的研究进展 [J]. 中国有色金属学报, 2011, 21 (4): 784-795.

[16] 吴忠标, 赵伟荣. 室内空气污染及净化技术 [M]. 北京: 化学工业出版社, 2005.

[17] 徐海云, 杨庆平. 室内空气净化技术 [J]. 舰船防化, 2018 (1): 12.

[18] De Falco G, Li W, Cimino S and Bandosz T J. Role of sulfur and nitrogen surface groups in adsorption of formaldehyde on nanoporous carbons [J]. Carbon, 2018, 138: 283-291.

[19] Shayegan Z, Lee C S, Haghighat F. TiO_2 photocatalyst for removal of volatile organic compounds in gas phase—a review [J]. Chemical Engineering Journal, 2018, 334: 2408-2439.

［20］伶伟钢，王维宽，胡赞．室内空气净化技术及其发展趋势［J］．化学化工，2013，17：125-126.

［21］励建荣，王立娜，金毅，李婷婷．国内外空气净化消毒技术的研究进展［J］．环境科学与技术，2014，37（6）：204-209.

［22］张长斌，贺泓，王莲，姜风，邢焕，赵倩，暴伟．负载型贵金属催化剂用于室温催化氧化甲醛和室内空气净化［J］．科学通报，2009，53（3）：278-286.

［23］Bai B Y, Qiao Q, Li J H, Hao J M. Progress in research on catalysts for catalytic oxidation of formaldehyde［J］. Chinese Journal of Catalysis, 2016, 37（1）：102-122.

［24］Yoshika Sekine. Oxidative decomposition of formaldehyde by metal oxides at room temperature［J］. Atmospheric Environment, 2002, 36（35）：5543-5547.

［25］余孝威．不同晶型纳米二氧化锰对甲醛的降解行为研究及其负载静电纺丝多孔纤维膜［J］．化工中间体，2015，7：120-121.

［26］吴吉祥．绿色时代［J］．广东省室内环境卫生协会会刊，2015，5（17）.

［27］Mo D Q, Ye D Q. Surface study of composite photocatalyst based on plasma modified activated carbon fibers with TiO_2［J］. Surface and Coatings Technology, 2009, 203（9）：1154.

［28］菊地靖志，张毅，徐炜新．抗菌功能型金属材料［J］．上海钢研，2003（3）：75-78.

［29］王华，梁成浩．抗菌金属材料的研究进展［J］．腐蚀科学与防护技术，2004，16（2）：96-100.

［30］中华人民共和国国家标准．空气净化器（GB/T 18801-2015）［S］.

室外空气污染的个人防护

　　针对室内空气污染，可通过一系列处理措施，迅速进行有效治理和控制。但对于室外空气污染问题，却难以在短期内解决。因此，当户外空气遭到严重污染却又不得不进行户外活动时，出于健康考虑，我们需要采取个人呼吸防护措施，防止有害物质进入体内，减少污染物对人体造成的伤害。

第一节　室外空气污染的个人防护

一、什么是个人呼吸防护用品

　　个人呼吸防护用品是为了防止人体吸入含有有毒有害物质的气体

造成健康伤害的用品。在日常生产及生活中，利用个人呼吸防护用品能够降低空气中有毒有害物质对人体呼吸系统造成的伤害。

二、个人呼吸防护用品的分类

1. 按产品分类主要分为：防尘口罩、防护面具、空气呼吸机等[1]

（1）防尘口罩：防止人体呼吸系统吸入空气粉尘的保护装置；

（2）防护面具：保护整个面部的个人防护装置，防护范围包括呼吸器官、面部和眼部，防止细菌、粉尘等颗粒物以及毒气等对人体造成损伤；

（3）空气呼吸机：是在防护面具的基础上，配有一个装有压缩空气的钢瓶，也称为贮气式防毒面具或消防面具。

防尘口罩是日常生活中应用最广泛的个人呼吸防护用品，其结构简单、成本低、易于使用和处理，是普通民众防护 $PM_{2.5}$ 污染的首选[2]。防尘口罩分平面口罩、棉布口罩、折叠口罩、杯型口罩等，如图 5.1 所示。口罩对 $PM_{2.5}$ 防护的原理可分为简单纤维过滤、静电吸附及其他附带过滤等。

2. 按防护机理分类主要分为过滤式和隔绝式[1]

（1）过滤式呼吸防护用品利用有过滤功能的材料，对空气中的有毒有害物质进行过滤后形成洁净的空气并供给人体呼吸，如防尘口罩、过滤式防护面具等。

（2）隔绝式呼吸防护用品是完全使人体呼吸系统与外界隔离，完全不受被污染空气影响的个人防护用品。携带装有洁净空气的气罐或是利用导气管提供洁净空气供给呼吸，如贮氧式防护面具、贮气式防护面具等。

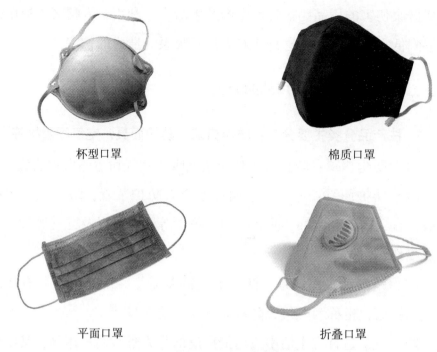

杯型口罩   棉质口罩

平面口罩   折叠口罩

图 5.1　防尘口罩类型

在日常生活中通常用到的是过滤式呼吸防护用品，而隔绝式呼吸防护用品则常运用在工业生产领域。

3. 按供气方式和供气机理可分为自吸式、自给式和动力送风式[1]

（1）自吸式呼吸防护用品需要佩戴者自行克服呼吸阻力，自主呼吸，如普通的防尘口罩、过滤式防护面具等。相对而言，它重量轻、耗材少、结构简单，但是气密性会相对较差。

（2）自给式呼吸防护用品，是自给提供呼吸气源，完全不受环境气体污染程度的影响，如贮气式防护面具、贮氧式防护面具等，但是压缩空气钢瓶的重量大且结构复杂，不适合随时使用。

（3）动力送风式呼吸防护用品，是在过滤的基础上添加了动力送风的功能，能够克服佩戴者的呼吸阻力，适合低气压的环境场所，能够降低身体负荷，舒缓紧张情绪等。

第二节　用于个人呼吸防护用品的过滤材料

个人呼吸防护用品所使用的过滤材料的发展历史悠久，但发展速度却很缓慢。20世纪50年代，口罩主要的过滤材料是棉织物。棉织物可清洗，所以该种口罩具有重复使用性；但棉织物孔径偏大，无法有效过滤微米级及以下粒径级别的颗粒，而且棉织物具有强吸湿性，人体呼出的水汽、唾液等会被拦截在过滤材料上，加上人体口腔部位的上体积较小，佩戴时呼吸阻力就会变大，最终导致用户闷气的不良体验，舒适性大幅降低。

20世纪60年代，口罩开始使用合成纤维类过滤纺织品。这类过滤材料是一种由大量纤维相互交错、构建的复杂排列的高孔隙纺织用品。当空气中的微小颗粒随气流经过纺织品时，颗粒被纤维截留或由于纤维与颗粒间的范德华力或静电作用等被纤维粘住，因此这类纤维过滤材料具有较高的过滤效率。过滤材料的高过滤效率和低呼吸阻力的性能直接决定个人呼吸防护用品的质量好坏。近年来，随着室外空气污染日益严峻，消费者对防霾口罩的需求不断增加，尤其是对佩戴舒适性能好、过滤效果优的防霾口罩。所以，过滤纺织品在防霾口罩中的应用越来越广泛[3]。

一、非织造无纺布过滤材料

常规的非织造无纺布材料的纤维直径一般在 $2\mu m$ 到 $10~\mu m$ 之间，其纤维在空间相互交错排列且分布均匀，无明显方向性，并具有大量孔隙结构，微观结构图如图 5.2 所示，被过滤的颗粒与纤维在孔隙中广泛接触，使之具有较高的过滤效率。在过滤过程中，非织造布过滤材料对微粒的捕集能充分发挥拦截效应、惯性碰撞、布朗扩散和重力沉降等机械过滤机理。非织造布过滤材料由于制作过程简易、成本低而被广泛用于一次性防尘口罩、医用防护口罩、日常用防霾口罩中，是呼吸防护用品的主要过滤材料[3]。

图 5.2　非织造布过滤材料微观结构图

非织造布的加工方法基本都适用于过滤纺织品的生产，包括针刺法、湿法、纺粘法、化学黏合法、热黏合及熔喷法等。纤维直径的粗细与均匀度、材料的厚度是影响非织造无纺布过滤材料过滤性能的关键因素。纤维直径越小，纤维相互交错形成的平均孔径越小，对微粒的过滤效果就越好。熔喷法是应用最广泛的非织造无纺布的加工方法，其利用高速热气流将刚挤出的聚合物迅速拉伸固化而生产出熔喷无纺布，纤维直径一般在 0.5~4.0 μm，形成的孔径小而多，纤维相互交错的三维网络结构对微粒起到很强的拦截和阻挡作用，实现较优的过滤效率。

二、驻极体过滤材料

驻极体是指具有长期储存空间电荷和偶极电荷能力的电介质材料，具有在没有外电场的条件下自身能产生静电力的特性。驻极体过滤材料是在非织造无纺布的基础上改进得到的带静电作用力的过滤材料。该过滤材料不但可以通过惯性碰撞、重力沉降和布朗扩散等机理，而且可以依靠纤维表面的静电荷与微粒间的静电作用力对气体中流动微粒进行截留、阻拦，从而提高过滤效率。由于在机械过滤机理上增加了静电效应，因此在提高过滤效率的同时，滤料的气流阻力却没有随之增加。

三、含活性炭过滤材料

活性炭是一种具有较大比表面积的内部多孔吸附材料，具有较高的吸附污染物能力。含活性炭的过滤材料主要有夹碳无纺布和活性炭纤维材料，夹碳无纺布大多是由活性炭与粘胶纤维加工而成，而活性炭纤维以有机纤维为原料，经碳化、活化后制成。夹碳无纺布上颗粒孔径均匀，接触点比表面大、阻力小，且依托于活性炭自身耐酸碱的特性，多种气体污染物都可以有效的被活性炭过滤材料吸附。而活性炭纤维直径较小，一般在 10 ~ 13 μm，纤维外表面积更大，吸附容量更大，吸附效率更高。目前市场上的活性炭口罩一般以活性炭纤维作为中间核心过滤层，再将其他无纺布或棉布进行复合而制成[3]。

四、纳米复合过滤材料

按国际标准 ISO/TS80004-2015，长度在 1~100 nm 范围内的材料才能正式称为纳米材料[4]。在过滤材料行业，直径介于 100~1000 nm 的纤维，实际称之为细纤维或超细纤维。但通常人们习惯称呼的纳米过滤材料，是包含细纤维在内的过滤材料。静电纺丝技术是在几千至几万伏的高压静电作用下，聚合物液滴克服表面张力而产生喷射细流，细流在喷射过程中拉伸固化落在静电接收极上，最终形成非织造的、连续的网状纤维毡。利用静电纺丝技术可以制备直径在几纳米到几微米范围的不同聚合物细长纤维（见图5.3）。相比于传统的纤维材料，新型静电纺丝纳米纤维具有众多优异特性，如纤维直径细且均一、膜比表面积大、孔隙率高且孔隙连通性好等，可实现对 $PM_{2.5}$ 颗粒物高效的过滤效率和优异的透气性能[5]。

纳米纤维与微米纤维断面对比图

▼上层为纳米纤维

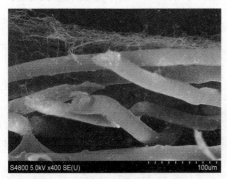

▲下层为传统的微米级无纺布过滤材料

纳米纤维与微米纤维平面对比图

▼上层为纳米纤维

▲下层为传统的微米级无纺布过滤材料

图5.3　静电纺丝纳米纤维微观图

通过静电纺丝等工艺在普通纤维滤料的表面增加一层细纤维涂层组成纳米复合过滤材料，如图5.4所示，细纤维涂层的存在，可大幅减小过滤材料的名义孔径，大幅增加比表面积，可将更多的细颗粒拦截在滤料表面，将过滤机理从深层过滤变为表面过滤。同时，由于滑移效应的存在，看似层叠在普通纤维层表面的细纤维涂层并没有增加滤料的进气阻力，从而达到了过滤效率与压力降的完美平衡[4]。由中国科学院城市环境研究所研制的纳米复合过滤材料就属于这类，这种材料具备高效低阻的优异性能，能有效过滤雾霾颗粒、汽车尾气、花粉、厨房油烟等，对 $PM_{2.5}$ 颗粒中的油性颗粒物防护效果尤其好。

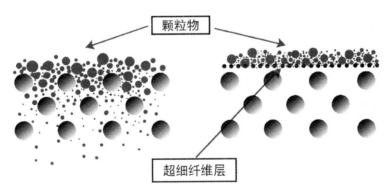

图 5.4　细纤维涂层的表面过滤图[4]

第三节　个人呼吸防护用品的设计

针对室外空气污染，个人防护成为社会广泛关注的热点问题，保证健康呼吸的个人呼吸防护用品以口罩为代表已经呈现出了供不应求的趋势。研究个人呼吸防护用品并对其进行设计，是人们对健康呼吸的要求所致，具有很强的现实意义。消费者注重空气质量的意识的逐步觉醒，对健康的不断重视，促使当前的个人防护设计风尚倾向于关爱健康的理念，从当前环境现状来看，这一设计理念将会长期并持续发展下去。

以口罩为例，要使个人呼吸防护用品能够有效地发挥防护作用，在设计时需考虑的因素如下：

一、过滤效率和呼吸阻力

过滤效率是口罩防护性能重要指标，过滤效率达到一定程度才能保证民众在大气环境受到污染时，佩戴口罩得到有效防护。过滤效率是指在规定条件下，口罩罩体滤除颗粒物的能力。在现行的呼吸防护产品相关标准中规定，口罩的过滤效率至少要大于等于90%才符合产品性能要求。呼吸阻力是人们使用口罩时佩戴舒适性的关键指标，人们在佩戴口罩进行呼吸时，口罩对气流具有一定的阻挡作用，当吸气阻力偏大时，人体会出现头晕、胸闷等身体不适状况。为使民众佩戴口罩防护污染的同时享有相对的舒适性，呼吸阻力作为考核指标项是非常必要的。人们在日常工作中，中等劳动强度的肺呼吸量约30 L/min[6]。实验证明，当口罩吸气阻力在50 Pa以上时，人们在进行中等劳动强度时会感觉呼吸困难，吸气阻力低于40 Pa以下时，中等劳动强度持续2小时，呼吸不会感到困难；对比吸气与呼气所产生的阻力，以呼气阻力影响更大，即人体感觉憋不憋气主要决定于呼气阻力，这是由于在呼吸时，吸气是主动的，呼气是被动的，所以防护口罩的呼气阻力应比吸气阻力小。

二、防护效果

防护效果是指在规定条件下，口罩拦截颗粒物的能力，用来评价口罩对个人呼吸系统进行防护的效果。在口罩使用过程中，会因口罩滤料以及口罩周边、呼吸阀等各部件连接处泄露使口罩防护效果大打折扣。只有滤料过滤效率高以及口罩与人体面部结合的密合性好，才能使口罩充分起到防护作用[7]。

三、结构设计

在设计口罩、面罩等常规形式的个人呼吸防护用品时，除了考虑结构的贴合性对过滤效率的影响之外，还应注意不能将其设计成紧挨面部的结构，那样会造成口、鼻呼吸时空气只流经口鼻附近，造成呼吸阻力变大，影响用户对产品的舒适性体验。应该将口罩的前部设计成拱形结构，使其在能够保证密闭性的情况下形成一个腔体，这样空气在口罩内流经的面积较大，会使舒适性提高。但是这个拱形结构也不宜过高，否则会阻挡用户的视觉范围，影响正常活动[1]。

目前市面上存在的很多特殊结构设计的"PM$_{2.5}$口罩"噱头大过实际。如过滤鼻塞和可穿戴的耳机式样的空气净化器。这些结构的"口罩"均有一定的设计亮点，比如过滤鼻塞中含有的生物凝胶可通过静电性和强粘性捕捉吸附空气中的微粒；后者的造型参照传统耳机，但没有遮住耳朵，在头部设置进风口和净化器，出风口设置在"麦克风"的位置，并将其延伸到鼻孔的位置。这种设计造型轻便可穿戴，与此同时，还可配备高精度的传感器，随时随地检测空气质量

（包括 $PM_{2.5}$、含氧量、温湿度和甲醛含量等相关数据），并通过蓝牙与手机 APP 进行互联，同步数据。此外，其核心的过滤技术是高效的无臭氧静电除尘技术，无须更换滤芯，用清水冲洗滤网即可，可重复使用，延长了产品的使用寿命[1]。但以上几种产品均不能达到有效的防护，呼吸的污染气体也可通过嘴部等进入人体，从而造成危害。

此外，呼吸防护用品设计还可根据地理环境因素、人口统计因素、心理因素、行为因素等来加以考量，推出更多更适合广大消费者的个人呼吸防护产品。如市场上先后出现了女性防霾护肤品，儿童及孕妇专用的防霾口罩，为喜欢中医调养身体的人群开发的防霾中药、食养产品，为长期办公者研发的空气净化器等，这些产品能更好地满足市场需求[8]。因此，将个人呼吸防护用品与中国空气污染等特有的污染状况结合起来，立足于本土市场，致力于高效、便捷、美观的个人呼吸防护用品的设计具有很强的现实意义和社会价值。

第四节　个人防护用品的使用

一、个人防护用品的选购

针对室外环境污染的个人防护用品的宗旨是为人们提供更加洁净的呼吸环境，更加合理的使用方式，最终使人们愿意选择并使用这款产品。国际上《空气质量准则》（2005 年）规定的 $PM_{2.5}$ 日均限值是 $25\ \mu g/m^3$，而我国《空气质量准则》（2016 年）规定的标准为日均值

75 μg/m³。理论上，当PM$_{2.5}$浓度超过我国标准的日均值时，就应该佩戴PM$_{2.5}$防护口罩。现如今，无论在线上还是线下，搜索PM$_{2.5}$防护口罩，都可以看到琳琅满目的口罩，型号各式各样，令人眼花缭乱。

人们在选择购买一款产品时，通常情况下会从功能、造型、价格等各方面考虑。产品的功能是否必要、造型是否美观、操作是否便捷、价格是否合理，这一系列因素都将决定产品的价值所在，直接影响用户的接受程度。

下面以口罩为例进行说明：

1. 产品标识的选购

目前，民用呼吸防护口罩执行的相关标准有两个，分别是国家标准《日常防护型口罩技术规范》（GB/T 32610-2016）和团体标准《PM$_{2.5}$防护口罩》（T/CTCA 1-2015）。所以在选购该类产品时要认准符合标准要求的合格产品标识。若口罩遵循的是国家标准，符合标准的防护口罩在出厂销售时，产品包装和每只口罩上会印制或粘贴执行的标准编号GB/T 32610-2016。GB/T 32610-2016标准适用于普通人群在日常生活中空气污染环境下滤除颗粒物所佩戴的防护型口罩，解决了消费者选择口罩无标可依、口罩生产企业无标可循的问题，对规范行业有序竞争、促进企业技术进步、合理引导消费起到积极的保障作用[7]。

若口罩遵循的是团体标准，符合标准的PM$_{2.5}$防护口罩在出厂销售时会在产品包装和每只口罩上印制或粘贴"PM$_{2.5}$防护口罩"标识，标识上带有生产企业名称和编号信息的二维码，及口罩的结构类别（随弃型、可更换型），大小类别（大号、中号、小号）与级别标记

（F90、F95），以便质检部门检测和消费者辨别。这样真正做到让消费者认识标准、监督企业执行标准，切实保护消费者的身体健康[9]。

2. 产品功能的选购

产品功能有防颗粒物、防有害气体、防细菌及抗细菌病毒等。防护口罩的选购，首先应根据所使用的情景来选择产品的功能。当针对日常出行，为预防空气中的雾霾污染物，或者是应对花粉过敏等问题时，可选择防颗粒物型的口罩；为应对室外空气中臭氧污染、有机气体污染等问题时，可选择能吸收有害气体的活性炭口罩；当人们处于地铁、医院、图书馆、电影院、KTV 等人群多、流动性大的场所，可选择有抗菌性的功能口罩。有的口罩，在其表面增加一个单向开启的呼气阀，可降低呼气阻力，并帮助排出湿热空气，适合对口罩舒适度要求较高的用户，也适合使用温度较高的环境[10]。市面上还有一种医用口罩，只可起到遮挡的作用，主要是防止医生说话时的唾液污染手术和操作区域，其对大颗粒细菌也有一定的阻挡作用，但对PM$_{2.5}$等细颗粒几乎是无过滤效果的，因此不适宜用于应对室外空气污染防护上。

3. 产品造型的选购

一方面是面罩或口罩的选择。面罩和口罩是个人呼吸防护用品最常见的两种造型形式。传统的对抗空气污染的手段是，当处于暴露在室外的污染环境中时，掩盖人体的口鼻呼吸系统，用过滤的形式达到净化空气的效果，所以大多会选择采用口罩。面罩是对整个面部进行防护，包括呼吸器官、眼部和面部，可防止细菌、粉尘颗粒物、毒气等对人体造成的伤害，大多应用于工业领域[1]。

另一方面是产品样式的选择，通常有杯罩式和折叠式两种。杯罩式依靠一个预先模压成型的结构支撑过滤材料，优点是不容易塌陷，易保持形状，而折叠式利于单个包装，不用时也便于携带，该选择主要看用户个人喜好[10]。

4. 产品操作便捷性的选购

关于头戴式或耳挂式口罩的选择，这个主要考虑佩戴时的操作便捷性。相对头戴式，耳挂式口罩会更方便佩戴，尤其对于女性消费者，毕竟头戴式会对发型造成影响。但是如果是在需要长时间佩戴口罩的情况下，头戴式口罩佩戴起来会更加舒适，因其不会使耳朵长期处于佩戴压力下而感到略微疼痛。当然，每个人的感觉不尽相同，所以产品操作便捷性的选购上因人而异。

二、个人防护用品的佩戴及注意事项

根据首个民用呼吸防护国家标准《日常防护型口罩技术规范》GB/T 32610-2016 资料性附录，给出了不同防护效果级别的日常防护型口罩试用的佩戴环境及佩戴注意事项[11]。

防护效果是指在规定条件下，口罩阻隔颗粒物的能力，用百分数表示。口罩的防护效果由高到低分为 A 级、B 级、C 级、D 级。不同防护效果级别的口罩适用于不同环境空气质量（见表 5.1），民众可根据空气质量情况选择合适的口罩并正确佩戴。在环境空气以颗粒物为主要污染物时，佩戴与空气污染环境相适用的防护效果级别的口罩后，吸入体内的空气中细颗粒物浓度降低至满足环境空气指数质量良（$PM_{2.5}$ 浓度值 ≤ 75 μg/m³）及以上的要求。

需要提醒的是：在雾霾天不必刻意强调口罩的防护等级，口罩的防护级别越高，对使用的舒适性能影响就越大，即口罩防护效果越好，对人体呼吸的影响越大，佩戴的舒适性也会越低。

表5.1 不同防护效果级别适用的环境空气质量及

允许暴露的 PM$_{2.5}$ 浓度最高限值

防护效果级别	A 级	B 级	C 级	D 级
适用环境空气质量指数类别	严重污染	严重及以下污染	重度及以下污染	中度及以下污染
适用的 PM$_{2.5}$ 浓度限值/（μg/m^3）	500	350	250	150
允许暴露的 PM$_{2.5}$ 浓度最高限值/（μg/m^3）	700	500	300	200

佩戴口罩时的主要事项包括：

第一，检查确认口罩包装完好无损。

第二，佩戴前对外观进行检查，阅读使用方法，按佩戴方法正确佩戴。

第三，佩戴防护型口罩应及时更换，不建议长期使用。

第四，佩戴过程中如出现不适或不良反应，建议停止使用。

第五，当空气细颗粒物浓度大于 500 μg/m^3，建议减少户外活动。

参考文献：

[1] 曲鑫. 针对城市雾霾环境下的个人防护用品的设计与研究 [D]. 齐齐哈尔大学硕士学位论文, 2016.

[2] 李蓉, 赵艳梅, 李倩, 张婷婷. PM$_{2.5}$ 个人防护用品现状与发展趋势

[J].中国个体防护装备，2014（6）：23-26.

[3] 蒙冉菊，高慧英，张显华.过滤用纺织品在个人防霾口罩中的应用现状及发展方向 [J].轻纺工业与技术，2016（4）：55-57.

[4] 徐志成.纳米空滤，"纳"什么 [J].矿业装备，2018，100（4）：17-18.

[5] 丁彬，俞建勇.静电纺丝与纳米纤维 [M].北京：中国纺织出版社，2011.

[6] 王旭，冯向伟，张巧玲.国内外常用防护口罩过滤效率和呼吸阻力对比 [J].轻纺工业与技术，2016，45（3）：21-24.

[7] 中国产业用纺织品行业协会.日常防护型口罩国家标准导读 [J].中国标准导报，2016（12）：20-21.

[8] 李晨昕，李磊.雾霾污染对城市居民消费支出的影响研究 [J].管理观察，2014（30）：172-175.

[9] 杨蕾.我国首个$PM_{2.5}$防护标准实施 [J].质量探索，2016（3）：15.

[10] 姚红.呼吸器官防护用品系列——防尘口罩的选购 [J].现代职业安全，2010（3）：106-107.

[11] 全国纺织品标准化技术委员会，国家标准.日常防护型口罩技术规范（GB/T 32610-2016）[S].

食养固本抵御空气污染

　　"空气污染""雾霾"等虽然是现代时髦词语，但其实远在没有现代工业的古代，也并非每天都是天朗气清。在古籍中，我们能够很轻易地找到诸多关于恶劣的空气污染影响人民生产生活的记录。

　　《毛传》解释："霾，雨土也"；《说文》："埃，尘也"；《尔雅》："地气发，天不应，曰雾，雾谓之晦"。在古代，空气污染通常被看作是天空因充满沙尘（和污染物）而出现的阴暗无光的现象，人们将空气污染所导致的天气状况称为"埃雾""霾雾""风霾""尘霾""霾雾"和"阴霾"等。所以，现在人人所熟悉的"雾霾"一词，实际上是沿用了此前古人对空气污染的称谓。

　　在历代不少文人墨客的诗歌中，"雾霾"都曾留下过痕迹：

　　李白曾在《大庭库》一诗中写下："朝登大庭库，云物何苍然。莫辩陈郑火，空霾邹鲁烟。我来寻梓慎，观化入寥天。古木朔气多，松风如五弦。帝图终冥没，叹息满山川。"作者恰逢安史之乱，观战火焚烧万物，浓烟熏得地界（陈郑邹鲁）都看不清楚。

欧阳修的《栾城遇风效韩孟联句体》中写道："岁暮氛霾恶，冬余气候争。吹嘘回暖律，号令发新正。远响来犹渐，狂奔势益横。颓城鏖战鼓，掠野过阴兵。"可见宋朝时秋冬季节也常出现雾霾的情况。

后来，恶劣的天气范围逐渐扩大、程度日渐加深，受到了当朝统治者的关注。在《元史》中就已经有对雾霾天气的记载：至元六年腊月时，"雾锁大都，多日不见日光，都门隐于风霾间"。

到了明代，有关"霾灾"的记载逐渐增多，仅北京地区"霾灾"就多达数十次。《明宪宗实录》记载：明成化四年初春，"今年自春徂夏，天气寒惨，风霾阴翳……近一二日来，黄雾蔽日，昼夜不见星日"；明成化十七年四月，"连日狂风大作，尘霾蔽空"；明成化二十一年，"正月丁未，京师阴霾蔽日，自辰至午乃散"。

到了清代，每隔几年"霾灾"便会在冬春季节光临京城，且程度也更加严重。清康熙六十年"今日出榜，黄雾四塞，霾沙蔽日"；嘉庆十五年"京师入腊月以后，时有雾起霾生，连宵达旦"；咸丰六年"入冬以来，雪少雾多，土雨风霾时临京师，以昌平、宛平为浓重"。

作为中国文化瑰宝之一的中医学，提出天人相应的理念，重视自然天气对人体的影响，因此常对糟糕的气候状况进行记录、解释，并指导人民规避与预防。早在汉代中医经典著作《黄帝内经》云："埃昏黄黑，化为白气"，即指的是飞扬的尘埃与水湿蒸气结合，共同造成尘霾蔽日之象。当解释空气污染的成因时，中医古籍多认为是与天气和地势相关。首先从天之气来说，雾霾是由风、土、湿三邪太过所致，如清代张志聪曾在《黄帝内经素问集注》中写道："埃雾朦郁者，土之湿气上蒸也""风甚者，尘霾随之，此土之从木也"。天之非时之气当令，风气太过或是不及，都能致使天空因尘土混合湿气、充满沙尘而阴暗无光。其次雾霾与地势有关，如张介宾《类经图翼》指出："东南阳胜，则气为熏蒸，而春夏之气多烟雾；西北阴胜，则气为凛冽，而秋冬之气多风霾。"

第一节　空气污染危害人体的中医视点

按照中医学的观点，自然界气候的变化和人体疾病的发生发展密切相关，就如同清代石寿棠的《医原·人身一小天地论》所述："人禀阴阳五行之气，以生于天地间，无处不与天地合。人之有病，犹天地阴阳之不得其宜。故欲知人，必先知天地。"在天地之中，小范围的雾霾能够很快扩散，就如同人体将小部分毒邪分解排出；但是，当空气污染状况严重，污染物积累的速度超过分解扩散的速度时，在天地形成了雾霾，则严重损害人体健康，在病患身上留下痕迹。

受到空气污染影响的患者，通常最先会表现出鼻干咽燥、干咳少痰或是痰黏难以咯出，甚或出现痰中带血丝、鼻黏膜出血等呼吸道症状，说明当人体面对空气污染所带来的危害时，肺脏为最而且首当其冲。这是因为，在中医理论中，肺为五脏之天（五脏最高的位置），开口于鼻，与外界天气相通；而肺叶娇嫩喜洁净，不耐寒热，易受侵袭。因此，当空气污染物中的风、湿、尘、土突然侵袭肺脏时，肺气被遏，就会致使清阳不升，浊阴不降，气机失常，发而为咳，患者起病急骤，病情进展快。当霾浊之邪长期侵犯肺脏，肺气闭阻不通，就会导致肺的宣发肃降功能失常，浊邪停聚，转而发展为喘满。

更加严重的是，中医认为，人体五脏同五行一样，能够相互制约，相互影响。肺属金，根据五行相生相克的原理，金克木，木属肝脏。所以，若肺病得不到治愈，再加上空气污染严重导致的情志不畅，会使肝脏受邪；木克土，木属脾脏，因此，肝郁不舒又会继续导致脾不运化，出现脾胃疾病……

此外，雾霾天气还会对人的心情造成恶劣影响。《黄帝内经》指出"天彰黑气，暝暗凄惨，才施黄埃而布湿，蒸湿复令，久而不降，伏之化郁"，糟糕天气影响人体健康，日久化郁，使得心情抑郁、情绪不宁，造成所谓的"郁病"。

长此以往，身体健康就会进入恶性循环。就像汽车的排气管一样，一旦被堵塞，先是出现排气不畅、排气管异响等小问题，如果我们不及时清理排气管中的"垃圾"，任由堵塞的状况发展下去，接下来汽车还会出现加速无力、发动机功率下降、甚至损坏其他的零部件。这就跟人体的状况很类似了。我们都知道，肺是人体与外界空气交换的门户，当空气中的污染物进入了肺部，人会像被堵塞排气管的汽车一样感到呼吸不畅并且出现咳嗽等小问题，如果不加以防治，体内的其他器官就会接二连三地跟着出问题。长期生活在空气污染中，对于人体健康的危害不可能仅仅止步于肺脏，病情逐渐恶化下去，最终就会致使五脏患病，破坏人的身心健康，降低人体的预期寿命。

第二节　空气污染危害人体的西医视点

　　随着科学的不断发展，人类对于空气污染的研究发展到现代，科学家们发现环境中的细颗粒物能够以气溶胶形式广泛存在于自然界。而现代西方医学的诸多研究结果也表明，人体短期暴露于污染的空气中，会导致急性呼吸系统感染、肺炎，以及哮喘、慢性阻塞性肺病等慢性肺部疾病加重；而长期暴露于污染的空气中，就会引起机体免疫功能下降，增加炎症发生的概率，提高罹患呼吸系统疾病、神经系统疾病、心血管系统疾病、生殖系统等疾病的风险，而且会使得人体能够清除氧自由基的超氧化物歧化酶（SOD）的活性下降，导致人体加速衰老。这些研究结果，与中医理论的结论是基本一致的。因此，作为一种恶劣的天气现象，空气污染会严重危害到人类的健康。

　　所以，就像前文以汽车为例的叙述一样，人体也要像汽车一样注意保养，及时把从空气中摄入的污染物从体内清除出去。但是，汽车可以定期去 4S 店检查维修，人体的日常养护保健又该怎么做呢？

　　目前一些研究方法主要用来识别导致疾病的单一基因或是通路。然而，空气污染物的成分较为复杂，种类不一，不同直径大小的颗粒物可以选择性沉积于不同的组织中，空气污染引发各种疾病的复杂性导致其很难找到合适的单一治疗方式；与此同时，人体自身每一种遗传因素或是每一条通路在疾病发生中均起到一定的作用，大部分的疾病实际上是由环境因素、自身因素等大量因素共同作用的结果，并不能简单归因于某一个基因或是通路的功能异常，针对其中部分基因或是通路的干预一般只可能对一部分敏感人群产生微弱的效果。因此，对于空气污染导致的疾病在治疗方式上更应该关注整体。

第三节　空气污染健康防护——食养

目前环境因素对人体健康的损害日趋严重，人体各个系统在空气污染面前都显得脆弱不堪，尤其是儿童、老年人、免疫力低下等人群，对环境毒物的清除能力更低，对毒物敏感性更强，必须更加重视，未病先防，也就是"治未病"。中国有句古话，叫"民以食为天"。目前，在治疗空气污染导致疾病方面，无论中西医学都坚持在使用药物治疗的同时，提倡日常配合防霾、治霾、抗霾的饮食保健措施。

人类为了生存，必然要摄取食物充饥，经过长期的探索与实践，人们对于食物的了解逐渐深刻，也催生了很多掌握食物医疗功效的医家和医官。如《淮南子》记载神农"尝百草之滋味，水泉之甘苦，令民知所避就，当此之时，一日而遇七十毒"；《周礼·天官》所载的四种医家之中，食医居于疾医、疡医、兽医之首，其所用的姜、桂、乌梅等既是治病之药，又是烹调饮食中常用的调味品。中医学"药食同源"的历史可以追溯到夏商时代，已有数千年历史。其后，历代诸如唐朝孟诜所著的《食疗本草》、元代忽思慧的《饮膳正要》、明清时期如李时珍的《食物本草》、高濂的《遵生八笺》等著作，使中医药膳食谱和中医营养学的理论体系逐渐完善，成为中医学的宝贵遗产。在中医理论指导之下的药膳系统，其理法方药完备，能够分别满足不同体质、不同疾病人群的需要，是中医的优势所在。当疾病发生时，除了及时就医以外，平时三餐也应该运用有效的膳食疗法来帮助我们起到治疗和预防复发的作用。

空气污染所导致的病症也可以通过日常膳食疗法达到预防和治疗的作用。尤其是以中医辨证论、治理论为指导，结合古代医籍文献对其的认识，可将具有清肺、润肺、化痰、止咳的各类中药食物，根据个人的饮食习惯和爱好来组成药膳，来减轻或是消除空气污染对人体的消极影响，帮助老百姓做好防治措施。而因肺部久病导致的肝、肾、心等病患，又可以通过不同具有针对性、侧重点的食物达到补益的效果。此刻中医食养则显得尤为重要！

日常生活中常见的食物和药膳，可辅助增强人体的免疫力，减轻因为空气污染导致的过敏症状，发挥对肿瘤的抑制作用；辅助增强呼吸系统、心血管系统、肝胆系统、泌尿系统和生殖系统功能，从而达到固护人体的正气，起到强身健体的功效。

因此，抵御空气污染对人体健康损害的最好办法仍然是注意预防。中医早在几千年前强调的"治未病"思想到目前仍然展现其超前智慧，小到个人在雾霾天戴上专业防霾口罩，大到政府制定决策前提前想好各种环保措施防治空气污染的发生，都是其具体的应用。正如《黄帝内经》所说，"圣人不治已病治未病，不治已乱治未乱，夫病已成而后药之，乱已成而后治之，譬如渴而穿井，斗而铸锥，不亦晚乎！"

对于个人来说，能迅速掌握的最实用的技术，是在疾病进展前，通过运用有效的膳食疗法，来帮助我们对抗空气污染，从而恢复人体健康。根据自己的状况，平日三餐多上心，就能减轻各种不适的症状，改变抵抗力低下、易过敏的体质，一举多得，何乐而不为？

辅助增强免疫系统功能的食养方案

免疫力，是指人体自身能够识别并清除体内本不应该有且对人体具有危害的物质的能力，这些物质包括通过呼吸进入肺里的细菌、病毒、各种空气污染物，体内老化、死亡和破裂的无用细胞，以及正常细胞变异后形成的癌细胞等。

如果把我们人体当成是一个国家的话，那么人体的免疫系统就是这个国家的"国防部"，是人体的安全防卫系统。人之所以能在各种环境中健康地生存下去，就是因为人体免疫系统能够不断与进入人体的各种有害物质作斗争并取得胜利。

免疫系统在我们的身体里启动了三道防线。第一道防线是固有免疫，又称非特异性免疫，广泛分布于与我们的皮肤和黏膜上形成物理屏障，它像随时待命的便衣警察一样，潜伏在身体的各个部位，随时监控可疑"人物"，时刻准备行动。当空气中的污染物通过鼻腔、咽喉，进入到我们的肺部，人体就会立刻接收到"报警"，引发机体产生非特异性免疫应答，并迅速调集"防护卫兵"，把可疑的有害物质立即扼杀在摇篮里。这个防御外邪的过程，非特异性免疫悄悄地就做了，此时，身体抵抗力强的人甚至不会感到任何不适。

但是，当污染物浓度超过了非特异性免疫所能清除的极限时，如大量的污染物（以及微生物）通过肺泡进入人体血液系统，人体防御的第一条防线就会遭到破坏。

这时，为了保卫健康，人体就会立即启动第二道防线——体液中的杀菌物质和吞噬细胞。体液中含有的一些杀菌物质能破坏多种病菌的细胞壁，使病菌溶解而死亡；吞噬细胞能吞噬和消灭侵入人体的各种病原体，此时人们会感觉到嗓子不舒服，痰液分泌过多。第二道防线的作用是大范围杀伤"不法分子"，但总会有一小撮"高级恐怖分子"经过伪装也能突破第二道防线（如夹杂在污染物中的流感病毒等），

图 7.1 第一道防线是人体的皮肤和黏膜

图 7.2　第二道防线是体液中能发现并吞噬异物的巨噬细胞

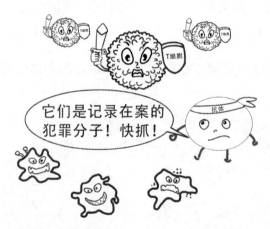

图 7.3　第三道防线是能够记录特定"坏蛋"的特异性免疫细胞

这时人体就会启动第三道防线——特异性免疫,只狙击特定的目标,还把"高级恐怖分子"的资料归档,以便下次继续对付它们,通过这种情况,我们还能提前制作减毒后的"恐怖分子"(疫苗)注入体内,使得第三道防线能够识别出来,防止下一次进入人体作乱。

第一节　空气污染对人体免疫系统的影响

免疫系统并非牢不可破，当空气中有毒的污染物浓度过高，或是人体长期暴露在这种雾霾天气之下，免疫系统就会罢工，失去其应有的作用。对于一些特殊人群，如婴幼儿、青少年、孕妇、老年人、过度紧张劳累的人，又如长期待在受雾霾影响的室外、车流量巨大的主干道、新装修完空气质量尚未达标房间的人，以及遭受疾病等情况使得免疫力低下的人群等，免疫力降低导致的防御功能减弱，不仅会让体内的空气污染物得不到及时地清除，产生诸如过敏、肺炎等疾病，还容易使免疫活性细胞不能识别体内突变的细胞，使其生长繁殖，最后发展成为癌症，后果十分严重。

其实"免疫"一词早在明代医书《免疫类方》中就有记载，该书提出了让人"免除疫疠"的方法。正如《黄帝内经》中的"正气存内，邪不可干；邪之所凑，其气必虚"，中医通常是通过提升人体正气的方法，使得抵抗外邪的能力增强，强过能引发机体生病的邪气，从而达到提高人体的免疫力的目标，使人不得病或是少得病。所以《黄帝内经》才会说："卒然逢疾风暴雨而不病者，盖无虚，故邪不能独伤人"，强健的免疫力正是在相同的环境下有的人不会发病的根本原因。在平时，通过补益气血的膳食疗法达到提高人体正气，起到预防和治疗疾病的作用，也就是我们现代人常常所说的"提升免疫力"。因此，按照中医辨证论、治理论，将具有扶正、补虚类型的中

图 7.4　空气污染对儿童健康的影响

资料来源：https：//www.who.int/phe/infographics/air-pollution/zh/index1.html.

药和食物，组成药膳配方，便可提高人体的免疫力，减轻或是消除空气污染对人体的危害，帮助人们做好各类疾病的防治措施。

一、辅助增强人体免疫系统功能的常见食物

1. 松花粉

松花粉，又名松黄、松粉，为松科植物马尾松、油松或同属数种松树的花粉。其始载于《新修本草》，谓"松花名松黄，拂取似蒲黄正尔"，即因其形色类似蒲黄（香蒲的花粉）而得名。《本草经解》："松花，味甘益脾，气温能行，脾为胃行其津液，输于心肺，所以润

心肺也。益气者，气温益肝之阳气，味甘益脾之阴气也。风气通肝，气温散肝，所以除风。脾统血，味甘和脾，所以止血也。可酿酒者，清香芳烈，宜于酒也。"

在我国南方地区，马尾松林面积广阔，松花粉自古就是我国传统的营养保健品，其性味甘平，无毒，成分稳定、不含激素，是花粉中的佼佼者。此外，松花粉口感较好，有淡淡的松子香味，一些传统食品如松花酒、松花糕中依然按古法使用松花粉。但由于其采收期短，采集不易，且易于霉变，不耐储存，因此在古代名声不显，《本草汇言》云其炮制的主要方法为"焙"。

在中国，松花粉的食用历史非常悠久。但是古代时期由于受制于科学技术的限制，松花粉的产量极低，价格不菲且稀有难得，因而松花粉大都被作为宫廷贡品进贡内廷，只有达官显贵方才有机会享用，普通人很少有机会接触到这样的"天物"。在历史上，武则天、慈禧等赫赫有名的保健"大咖"都是松花粉的忠实粉丝，不少封建统治者甚至命古代御医将其制成强健体魄、益寿延年的秘制配方。

现代营养学的研究早已证实，松花粉是天然的营养宝库，含有脂肪、丰富的氨基酸（含 8 种必需氨基酸）、维生素、矿物质、种类繁多的酶和辅酶、不饱和脂肪酸以及类黄酮等活性物质，在增强人体抵抗力、改善心脑血管疾病、保护肝脏、促进人体皮肤新陈代谢、抗衰老、抗氧化等方面具有显著的效果。

而现代医学也通过动物实验证实，松花粉能显著激活小鼠脾脏细胞，显著增殖 T、B 淋巴细胞，使得腹腔巨噬细胞的活性增强，巨噬细胞的细胞因子含量增高，从而提高免疫力[1]。服用松花粉后，小鼠力竭后本应降低的免疫球蛋白含量明显升高，细胞因子含量及活性始终保持较高水平，从而改善了力竭之后受到抑制的免疫功能[2]。

由此可见，松花粉作为保健佳品，自古至今备受推崇是有原因的。与古代"焙"的方式不同，现代加工松花粉的方法也更为科学——利用风旋技术对松花粉进行除砂除杂，再用低温干燥和低温破壁加工工艺，使松花粉中的营养最大限度得以保留，以提高人体对它的吸收利用率。

2. 人参

人参，别名神草、玉精、棒槌等，为五加科植物人参的干燥根，其中，人工栽培者称为"园参"，野生者称为"山参"。而园参经晒干或烘干，称为"生晒参"；经水烫，浸糖后干燥，称为"白糖参"；蒸熟后晒干或烘干，称为"红参"。人参被人们称之为"百草之王"，自古以来都被认为是医食同源的大补的植物。

中医认为人参性甘、微苦，平。《中国药典》记载其能大补元气，复脉固脱，补脾益肺，生津，安神。在临床医学上，人参多用于治疗体虚欲脱，肢冷脉微，脾虚食少，肺虚喘咳，津伤口渴，内热消渴，久病虚羸，惊悸失眠，阳痿宫冷，心力衰竭，心源性休克等症。

古往今来，人参都是价值不菲的药食补品。在诸多文学作品和影视作品中，人参甚至被作为"妙手回春"的良药圣品出现，成为治病救命的关键所在。

现代研究发现，人参中的主要成分人参总皂苷、二醇皂苷、三醇皂苷和多糖等，能够增强机体脾脏、胸腺等免疫器官的部分功能，促进巨噬细胞、B淋巴细胞、T淋巴细胞和天然杀伤细胞（NK）以及淋巴因子活化杀伤细胞（LAK）的功能，既增强了人体的免疫力，又能对抗癌效应细胞具有调节效应。动物实验也证实，人参能激活腹腔巨噬细胞，增强巨噬细胞的吞噬功能[3]。而其他研究者在进行体外细胞实验时发现，当免疫过于亢盛的时候，人参皂苷对受到刺激的 T 淋巴细胞增殖还具有明显的抑制作用，从而抑制 T 淋巴细胞的活化和增殖，达到免疫负调节作用[4]。

由此可见，人参具备一定"智能"，而且效果"精准"。它对机体的免疫力具有双向调节的作用，既能让机体的免疫力保持在一个平稳有效的区间，使免疫力低下的状态得到恢复，使机体不至于因为外界环境而受到伤害；又能使免疫力亢进的状态恢复正常，避免错误地杀伤正常组织。

此外，现代研究还证明了人参有改善记忆障碍、延缓衰老、提高免疫功能、抗氧化、改善心血管系统功能、抗应激、壮阳等诸多保健作用。

3. 蛹虫草

蛹虫草，又名北冬虫夏草、北虫草，属子囊菌亚门、核菌纲、球壳目、麦角菌科、虫草属真菌。蛹虫草与冬虫夏草属于同属不同种，是我国最常见、分布最广、药用价值极高的两种虫草菌。二者在生活史、化学成分、药理作用等方面具有很多相似之处，由于冬虫夏草野生资源的减少，蛹虫草已逐渐成为冬虫夏草的理想替代品。

在不少文学作品中，虫草常常是被奉为"神草"一样的存在，也是一种与人参一般世间不可多得的"救命良药"。在作品中被"神话"了的虫草，到底有什么神奇的效用呢？

中医认为，蛹虫草其性味甘，平。能补虚损，益精气，止咳化痰。治痰饮喘嗽，虚喘，痨嗽，咯血，自汗盗汗，阳痿遗精，腰膝酸痛，病后久虚不复。而现代营养学的诸多研究结果表明，蛹虫草内富含虫草多糖、虫草素、虫草酸、核苷类化合物等生物活性物质，还有各种有机酸类、维生素，以及 37 种无机元素等。

现代医学更是通过多种实验证实了蛹虫草的药理作用。体外实验证实，蛹虫草多糖能促进小鼠腹腔巨噬细胞产生细胞因子，从而增强巨噬细胞的功能[5]。而动物实验也表明，蛹虫草超微粉能提高小鼠淋巴细胞的转化能力，抗体生成细胞数有明显上升趋势，使得巨噬细胞的吞噬率和吞噬指数升高[6]。此外，蛹虫草还能极显著提高肠黏液防御的水平，并使得血清总蛋白、球蛋白、白蛋白含量显著增高，抑制黏膜免疫损伤；还能增加肠道有益的乳酸杆菌、双歧杆菌、厚壁菌门细菌数量，降低有害的肠球菌、大肠杆菌、拟杆菌门细菌数量，从而抵抗有害细菌造成的破坏[7]。

简言之，蛹虫草具有免疫调节、抗肿瘤、抗病毒、抗感染等多种药理活性，能够被广泛用于肿瘤、免疫功能低下、甚至艾滋病毒感染等多种疾病的防治当中。

4. 大蒜

大蒜，又名蒜头、胡蒜等，是广义百合科植物大蒜的鳞茎。大蒜是药食两用的植物，已有数千年的应用历史，是最为常见的药食同源保健食品。

按照《本草纲目》的记载，大蒜"携之旅途，则炎风瘴雨不能加，食腊毒不能害，夏月食之解暑气，北方食肉面，尤不可无"。中医认为，大蒜味辛、性温、解毒、杀虫。主要用于脘腹冷痛、痢疾、泄泻、肺痨、百日咳、感冒、痈疖肿毒、肠痈、癣疮、蛇虫咬伤、钩虫病、蛲虫病、带下阴痒、疟疾、喉痹、水肿。《中华本草》记载其能温中行滞。

现代医学通过动物实验证实，大蒜浸提液可使胸腺和脾脏的重量增加，提示大蒜可促进中枢淋巴器官和外周淋巴器官的增殖，同时能明显提高淋巴细胞转化率的作用，表明大蒜素对细胞免疫功能具有明显的增强作用[8]。另外，大蒜素通过对外周血淋巴细胞周期的阻滞作用，使外周血淋巴细胞处于较高的增殖状态，促进淋巴细胞亚群的分化，激化小鼠的免疫功能，对小鼠的细胞免疫和体液免疫功能具有增强作用[9]。

现代营养学及西方医学的诸多研究结果与中医对于大蒜的认识基本一致，大蒜在免疫调节、抗菌、抗氧化、降低血糖和血脂、抗肿瘤等方面发挥的药理作用被充分肯定。

附：黑大蒜

黑大蒜是一种新型的大蒜加工产品，是由新鲜大蒜经过一定的温度和湿度处理而制成，与新鲜大蒜相比，其 S-烯丙基-L-半胱氨酸含量明显升高，且无刺激性气味，可直接食用。黑大蒜富含硒元素，可防止细胞过度氧化，保护细胞膜并增强机体免疫力，抑制癌变[10]。

5. 黄芪

黄芪，又名黄耆、绵黄耆、箭芪等，是黄芪属植物膜荚黄芪和蒙古黄芪的根。黄芪作为药食同源的保健食材已有两千多年的历史，在我国各地应用十分广泛。民间有"常喝黄芪汤，防病保健康"的说法，人们常用其煎汤或泡水作为一种饮品，而且在我国南方很多地区的炖汤文化中，黄芪被作为一种常用的底料，用来滋补身体。

中医认为，黄芪性温，味甘，具有扶正补气的功效，而且是一种味道甘甜的药材。据《中药大辞典》记载其能补气固表，托毒排脓，利尿，生肌。临床上多用于气虚乏力、久泻脱肛、自汗、水肿、子宫脱垂、慢性肾炎蛋白尿、糖尿病、疮口久不愈合。

现代医学研究者从不同的角度出发，对黄芪进行了深入的研究。从体液免疫角度进行的实验，证实了黄芪可以提高免疫功能低下的小鼠体液免疫应答能力，促进非特异性抗体的提高，具有广泛的免疫增强的作用，抵御异物抗感染，从而使机体免于患病[11]。从细胞免疫的角度进行的临床试验又证实，免疫无应答的艾滋病患者加用中药黄芪联合治疗1年，可提高患者的T淋巴细胞功能，对艾滋病患者的细胞免疫重建有积极作用[12]。总而言之，大量的实验结果都表明了黄芪能明显增加体液免疫，促进T淋巴细胞的功能，且能显著提高非特异性免疫，改善药物引起的变态反应[13]。

现代营养学的各项研究，指出黄芪的主要成分包括黄芪多糖、黄芪皂苷、生物碱、黄酮、叶酸以及多种微量元素，在免疫调节、抗肿瘤、抗感染、抗病毒、降血糖、双向调节血压、延缓衰老及多种脏器保护等方面具有重要作用。

6. 螺旋藻

螺旋藻是一类蓝藻门颤藻科水生植物，生长于各种淡水河海水之中，在我国分布广泛。螺旋藻中含有丰富蛋白质、核酸、粗纤维、脂肪、碳水化合物、叶绿素、胡萝卜素、藻蓝素、维生素及人体所必需的微量元素、重金属元素等多种矿物质和各种脂肪酸等。由于其营养丰富，联合国粮农组织、联合国世界食品协会推荐螺旋藻为"二十一世纪最理想食品"。药理研究发现螺旋藻能够促进新陈代谢、增强免疫力、抗辐射、抗衰老、增强记忆力、抗疲劳、降低血糖、血脂等多种功效。

现代医学用螺旋藻进行动物实验，用以观察螺旋藻在提升免疫力方面的功效。实验显示，饲喂螺旋藻不仅对小鼠腹腔巨噬细胞吞噬作用的影响效果显著，能增强小鼠的巨噬细胞吞噬率和吞噬指数，还能引起小鼠的血清球蛋白显著增加，血清溶菌酶活力显著提高。基于螺旋藻在动物实验中表现出了提升免疫力的功效，研究者便将其应用在医学临床试验中，发现螺旋藻多糖对慢性乙型肝炎患者，能够促进机体免疫细胞增殖，调节细胞周期的进程，从而促进慢性乙型病毒性肝炎的改善与转归[14]。

7. 银耳

银耳，又称雪耳、白木耳，属于担子菌纲银耳科，是我国的传统药食用菌，一直被视作治疗虚弱和衰老的滋补药材。

中医认为其性平、味甘、五毒，《全国中草药汇编》记载了银耳能够补肺益气，养阴润燥的功效。在中医临床上，银耳则多用于治疗病后体虚，肺虚久咳，痰中带血，崩漏，大便秘结，高血压病，血管硬化。

现代医学研究还发现银耳中含有的银耳多糖为其重要的活性物质，而动物实验也证实了银耳多糖能显著增加大鼠外周血中白细胞的数量，促进淋巴细胞的增殖，抑制调节 T 细胞对免疫细胞（CD4+T）的增殖和分化，能够显著增强机体的免疫活性[15]。

含有多糖、黄酮及氨基酸等多种成分的银耳，具有免疫调节、抗肿瘤、抗氧化衰老、降血糖血脂、抗凝血血栓、抗溃疡、促进蛋白质合成、抗病毒、促进神经细胞生长及改善记忆力等多方面的功效。

在我国古代，银耳发源于四川通江，且野生银耳的数量极少，价格极高，等闲百姓是根本无缘食用的。清宫侍女德龄所著的《御香飘渺录·御膳房》中曾云："银耳那样的东西，它的市价贵极了，往往一小匣子银耳就要花一二十两银子才能买到。"如今，随着栽培技术的提升，保健功效显著的银耳不仅在医学界应用广泛，还是百姓餐桌上常见的美味佳肴。

8. 山药

山药，又名淮山、薯蓣等，为薯蓣科植物薯蓣的根茎，是药食兼用的名品。在我国山药食用的历史十分悠久，早在唐朝诗圣杜甫的诗中就有"充肠多薯蓣"的名句。茎块肥厚、口感绵甜的山药是日常饮食中常见的美味，既可以用来做粥和汤，又可以采用蒸煮炸炒等烹饪形式来加工。

中医理论认为，山药其味甘、性平，据《中国药典》记载其能补脾养胃，生津益肺，补肾涩精，可以用于治疗脾虚食少，久泻不止，肺虚喘咳，肾虚遗精，带下，尿频，虚热消渴。而麸炒山药则对补脾健胃具有较好的疗效，甚至可以用于治疗脾虚食少，泄泻便溏，白带过多等症状。

现代医学在对山药的提取物用于动物实验中发现其可延长免疫机能低下小鼠的缺氧耐受时间，能使小鼠在力竭状态下的游泳时间显著延长，血尿素氮、血乳酸含量显著降低，胸腺、脾脏指数上升，提高脾指数、胸腺指数，改善胸腺、脾脏的组织结构，促进正常小鼠腹腔巨噬细胞吞噬功能和正常小鼠的淋巴细胞转化[16]。而山药中的主要成分——山药多糖，更是具有增强小鼠淋巴细胞增殖能力、促进小鼠抗体生成、增强小鼠碳廓清能力的作用，能够提高小鼠的非特异性免疫功能[17]。这些实验数据，证实了山药在增强免疫力方面具有非常重要的作用。

此外，山药块根中含有丰富的淀粉、皂苷、黏液质（主要是甘露聚糖、植酸等）、胆碱、糖蛋白和多种氨基酸，具有提高免疫功能、降糖、抗衰老、抗氧化、抗疲劳、防治肝损伤等功效。

9. 甘草

甘草为豆科植物甘草、胀果甘草或光果甘草的根，其性平且味甘。在《中国药典》中，甘草被认为具有"补脾益气，清热解毒，祛痰止咳，缓急止痛，调和诸药"的作用，用于治疗脾胃虚弱，倦怠乏力，心悸气短，咳嗽痰多，脘腹、四肢挛急疼痛，痈肿疮毒，缓解药物毒性、烈性等。

现代医学曾使用甘草进行实验，用以观察其对于增强免疫力的作用，发现甘草中含有的甘草新木质素、甘草西定、甘草次酸以及甘草多糖均具有抗过敏、非特异免疫增强以及类固醇样作用。其中，异甘草素能通过抑制巨噬细胞产生细胞因子而发挥抗炎作用，甘草酸、甘草黄酮和甘草多糖能促使细胞免疫功能提高，具有抗过敏和抗炎作用。动物实验证实，小鼠接受甘草多糖注射液处理后，细胞免疫功能提高[18]，甘草浸膏能明显增强小鼠脾淋巴细胞增殖能力、迟发性变态反应、血清溶血素水平、腹腔巨噬细胞吞噬功能、小鼠碳廓清能力、抗体生成细胞能力[19]。甘草酸苷可以最终减少干扰素调节因子IRF3的表达，下调炎性因子的水平，减轻炎症反应[20]。

现代药理学的诸多研究也表明，甘草具有保肝、抗炎、抗菌、抗病毒、镇咳、抗疟，抗氧化、抗癌、免疫调解、降糖和抗血小板凝集等多种活性。因此，在日常生活中适当食用甘草，对补益身体具有较好的作用。

10. 绿豆

绿豆又名青小豆，是豆科菜豆属植物绿豆的种子，在我国已有两千多年的栽培史和食用史，不少地区甚至将其作为粮食作物进行广泛种植。

中医认为，绿豆味甘、性凉，且在《中药大辞典》中，记载其能清热解毒，消暑，利水。中医临床上多用其治疗暑热烦渴、水肿、泻利、丹毒、痈肿、解热药毒。炎炎夏日来一碗绿豆汤，是人们最常用的消暑方法，美味解渴还经济实惠。

人们虽然对于绿豆清热解毒的作用一点都不陌生，但其实绿豆的功用远不止此。现代研究还发现，绿豆还在增强免疫力方面表现不俗。绿豆提取物能够降低早期和中期氧化产物的形成，从而大幅减少和清除自由基，具有较强的抗脂肪过氧化活性和清除阴离子超氧化活性的功能，从而提高免疫系统。而不少现代医学的动物实验也证实了绿豆可显著降低哮喘小鼠肺组织中引发炎症和水肿的物质的含量，抑制哮喘小鼠肺组织中能够激活哮喘的蛋白，从而表现出抗哮喘的活性[21]。

绿豆含多种蛋白质、脂肪、糖、微量元素等成分的绿豆，具有抗氧化、抗炎、抗过敏、降血脂、抗白血病、抗细菌、抗真菌、抗肿瘤、抗突变等作用，是最常见的免疫力"卫士"。

二、辅助增强免疫系统功能的药膳配方

1. 银耳莲子羹

原料：银耳 50 克，莲子 30 克，百合 20 克，红枣 6 枚，枸杞 5 克，冰糖适量。

做法：莲子、百合、红枣泡发后入锅先煮 30 分钟，放入泡发的银耳再煮 20 分钟，最后放入枸杞、冰糖。

功效：银耳能够滋补生津、润肺养胃，百合养阴润肺、清心安神，莲子补脾止泻、益肾固精、养心安神，常服本饮品对于阴虚久嗽、热病后期余热未清体虚无力者有一定的改善作用。

2. 民国美龄粥

原料：怀山药 300 克，糯米 100 克，粳米 30 克，豆浆 500 毫升，枸杞 5 克，冰糖适量。

做法：怀山药蒸熟捣泥，糯米、粳米提前浸泡 2 小时，将豆浆煮沸后放入糯米和粳米，再沸后放入怀山药泥文火煮半小时，最后放入枸杞、冰糖。

功效：山药补益肺、脾、肾，能生津养肺，豆浆健脾利气，宽中导滞，糯米补中益气，本方口味尚佳，为著名的地方美食，对于肺、脾之气不足，免疫力低下的人群尤为适宜，可常服。

3. 当归黄芪羊肉汤

原料：当归 20 克，黄芪 30 克，生姜 30 克，新鲜羊肉 250 克，葱、盐、味精适量。

做法：羊肉洗净切块，将当归、黄芪、生姜和羊肉一起放入砂锅，加水没过食材大约两横指，文火炖至软烂，加葱及调料即可。

功效：当归补血活血，黄芪益气升阳，生姜健脾和胃，羊肉温补脾胃，补养气血。本品对于气血不足、畏寒怕冷、免疫力低下的人群较为适宜。

4. 人参鹌鹑汤

原料：人参 15 克，鹌鹑 2 只，葱、姜、盐、味精适量。

做法：将鹌鹑宰杀洗净，切块，放砂锅中加入山药、人参及适量精盐、清水，用文火炖煮30分钟即可，食肉、饮汤。

功效：鹌鹑益中续气，调肺利湿，人参主五脏气不足，五劳七伤，虚损瘦弱，调中理气，二者健脾益胃、强壮身体。适用于体质虚弱、脾胃不足，出现食欲不振、消化不良、四肢倦怠等症的人群。

5. 黄芪甲鱼汤

原料：黄芪50克，活甲鱼1000克，生姜10克，盐、黄酒适量。

做法：甲鱼活杀，洗净切块，将黄芪、甲鱼放入砂锅内，加冷水浸没。武火烧开，加盐、黄酒、生姜调味，改用文火炖2小时，喝汤、食甲鱼。

功效：甲鱼能滋阴凉血，补益元气，清虚热，黄芪能补益中气、抵抗外邪。本品适用于出现气短乏力、盗汗、阴虚发热等症服用。

松花杞黄酒

原料：松花粉、枸杞子、黄芪、桑葚、熟地黄、大枣、肉苁蓉、菟丝子、蜂蜜、黄酒

中医认为人体免疫力低下，对外界邪气的抵抗能力不足，很大程度上就是因为正气内虚所致。人体正气又分阴阳二气，因此药膳的配伍也需讲究阴阳平衡。在本方当中，松花粉入肝脾、润心肺、益气、除风、止血，补肺气以固表，祛外风以平肝。枸杞益精补血，疗肝风血虚；熟地黄大补血虚不足，通血脉，益气力；桑葚滋肝肾，充血液，祛风湿，息虚风，三者从滋补阴血的角度，解决阴血亏虚，则无以充养身体出现神疲乏力或低热的症状。此外，黄芪补气生阳，善达皮腠，专通肌表，肉苁蓉、菟丝子平补肾阳，疗五劳七伤，此三者又

补益阳气的角度，解决阳气不足则卫外不固，易感外邪的角度来改善免疫力。本方阴阳双补，消散风邪，有助于提升中老年人的免疫力，从而发挥补益五脏，延年益寿的效果。

第二节　空气污染对人体抗过敏能力的影响

过敏性疾病，是指通过空气、水、食物、皮肤接触等各种途径接触到的过敏源，作用于机体后造成的人体功能和器质性损伤的疾病，属于 I 型变态反应性疾病，但通常，过敏源对机体的选择具有不确定性。换句话说，同样接触到了过敏源，有的人会发病，有的人就身体无恙；而对于同一个人来说，即使是接触了等量的过敏源，有时会发病，有时却毫发无伤。

这是为什么呢？其实，过敏源不过只是一个诱因，根本却在于人体的免疫系统，所以导致过敏的关键因素，并非过敏源，而是个体的免疫系统功能的差异！

每一次过敏性疾病的发生，都是过敏源和过敏免疫进行"博弈"的结果。在之前的章节中，我们曾说过人体免疫系统有三道防线。但事实上，我们体内这支免疫军队并不能一直保持"精准打击"，他们有时候也会犯糊涂。当对人体无害或是危害非常小的物质进来后，这三道防线也会反应过度、如临大敌，释放出过高的攻击信号，攻击到了正常细胞，使得细胞开始水肿破坏，从而导致大量不应该发生的反应发生，在人体外部表现出过敏的症状。

由此可见，过敏源是外因，而具有与过敏源抗衡作用的预防屏障——过敏免疫系统功能则是内因，两者势力强弱的较量会影响人体过敏的发病程度。

在长期针对空气污染展开的研究中，人们发现空气中的氮氧化物、细颗粒物（PM$_{2.5}$）、臭氧（O$_3$）和挥发性有机物等，与过敏性疾病密切相关。这些大气污染物不仅可以直接刺激气管、黏膜或皮肤，增加上皮细胞的渗透性，从而促进更多的致敏原进入体内。但是，空气污染物对于过敏的催化作用远不止此，有些空气污染物的手段更高，甚至可能促进炎症细胞的增殖和活化，增强气管内氧化应激，产生自由基，继而增强过敏反应[22]。这些变应原能导致毛细血管扩张、血管通透性增加、腺体分泌增多及平滑肌收缩，从而引起呼吸道、消化道、皮肤等处的过敏反应。

其实，过敏是一个极其复杂的系统工程，外部的过敏源要想成功引发一次机体过敏也并非易事。只要在过敏这个系统工程中阻断其中任意一个环节，致敏因子就会受到影响而被稀释，使得过敏反应被中断。因此，对付这些外来入侵空气污染物诱发的过敏，只需要找到合适的方法，保护和稳定靶细胞膜，抑制过敏介质释放，对抗过敏介质，中和变应原，抑制毛细血管通透性增加，就能彻底挫败过敏源危害人体健康的阴谋。

虽然现在市面上已经有许多治疗过敏的西医药物都能够实现多环节阻断、抑制作用，但是在日常生活中对于过敏治疗和预防过程显得更为重要，一些中医理论中药食同源的材料由于其不仅方便易得且服用安全，引起了研究学者们的广泛关注。

在我国，中医认识和治疗过敏性疾病的历史悠久。隋朝《诸病源候论》提到："漆有毒，人有禀性畏漆，但见漆便中毒，喜面痒，然后胸臂胫踹皆悉瘙痒，面为起肿，绕眼微赤……亦有性自耐者，终日烧煮，竟不畏害也"。古代制漆工艺成熟，普通人接触漆后的过敏症状，相当于现代西医的接触性皮炎。多归因于人体禀赋不足，防御外界的正气（营卫之气）虚损，皮肤腠理不固，外界风、热、湿毒趁机侵袭所致。因此须补充人体之正气，并帮助祛除邪气。如中医经典名方玉屏风散，从方名上看即是给人增加一层屏风，帮助抵御外界不正之气的侵袭。中医常采用的是中药复方手段，代表了中医药理论特色。单味中药（和食物）虽然较少单独使用，但可以给现代的成分研究提供契机。现代医学研究不断发展，证实了不同的具有抗过敏活性的单味中药（和食物）所含化学成分存在差别，其抗过敏活性成分主要有水提物、醇提物、挥发油、总皂苷和总黄酮等，提示抗过敏活性成分存在化学多样性。而通过多成分、多靶点、多途径作用方式发挥疗效，能在抑制免疫球蛋白 IgE（人体的一种抗体，存在于人体血液中）产生、保护和稳定靶细胞膜（减少和防止其脱颗粒、释放过敏介质，对抗过敏介质、中和变应原等多环节共同起作用，对于过敏症状起到系统整体的治疗和预防作用）[23]中发挥作用。这种多样性，也为现代研究发现抗过敏活性物质和研发治疗过敏性疾病药物提供了新的思路。

一、辅助减轻过敏症状的常见食物

1. 乌梅

乌梅，又称梅、春梅、酸梅等，为蔷薇科植物梅的干燥近成熟果实，即将青梅烘干、焖焙，变成黑色而成。乌梅在我国食用历史悠久，在食醋发明以前，古人即利用其酸性作为调味品使用。

乌梅最早记载于汉代中医学经典著作《神农本草经》，其性酸、涩、平，《中国药典》记载其功效为敛肺、涩肠、生津、安蛔。用于肺虚久咳，久痢滑肠，虚热消渴，蛔厥呕吐腹痛，胆道蛔虫症。而现代研究还发现乌梅在抑菌、抗肿瘤、抗变态反应、抗氧化、治疗结肠炎方面均有较好的效果[24]。

随着抗过敏方面的研究深入，西医研究在体外细胞模型研究发现，乌梅在肥大细胞脱颗粒模型中肥大细胞预先形成储存的介质组胺和 IL-4 具有明显的抑制作用，提示乌梅在过敏性反应中具有抑制肥大细胞脱颗粒作用[25]。

此外，乌梅作为抗过敏的中药复方"过敏煎""乌梅丸"中的主药，具有良好的抗过敏活性，对于过敏性荨麻疹、过敏性哮喘、过敏性鼻炎、过敏性皮肤病等疾病都有很好的疗效。因此，乌梅非常适宜易过敏的人群经常食用。

2. 紫苏叶

紫苏叶，别名苏叶、赤苏，为唇形科植物紫苏的叶片和嫩枝，包括紫苏原变种（紫苏和白苏）、野生紫苏、回回苏和耳齿紫苏等。紫苏叶含有特殊香气，无论是在中餐还是西餐中，经常被作为香料进行使用，是做鱼、虾、蟹等海鲜食物的必备佐品。

关于紫苏的最早记载见于宋代的《本草图经》："紫苏，叶下紫色，而气甚香，夏采茎叶，秋采实"，中医认为其性温、味辛，在《中国药典》中记载其能解表散寒，行气和胃。常被用于治疗风寒感冒、咳嗽呕恶、妊娠呕吐、鱼蟹中毒等症状。

随着医学的不断发展，国内外对于紫苏的研究逐渐深入。实验发现，紫苏主要能通过调控固有免疫细胞的活性和功能，调控免疫球蛋白，调控组胺和花生四烯酸代谢物，调控炎症细胞因子和辅助性 T 细胞平衡，起到清除机体自由基，提高机体抗氧化损伤能力，减轻气道炎症反应，达到抗过敏的作用[26]。从此，紫苏不再只是躺在餐桌上的调味品，它强大的抗过敏效果被医学界所熟知。

而现代研究还发现，紫苏还具有抗菌、抗病毒、止血、镇静、镇痛、抗氧化、抗肿瘤等诸多保健作用。

3. 龙须菜

龙须菜，又名海菜、线菜，为江蓠科植物江蓠的藻体，是我国重要的经济海藻，在我国沿海各地均有种植。其性味甘、寒、微咸，古代多用来预防和治疗瘿瘤病（甲状腺肿大），如《本草纲目》记载其能"治瘿结热气，利小便"。现代研究发现，龙须菜富含多种生物活性物质，如活性海藻多糖、藻胆蛋白，碘、钙、铁等多种人体必需的常量、微量元素，以及维生素 A、B1、B3、C 等。研究证实，龙须菜多糖具有抗氧化、抗病毒、抗突变、抗肿瘤、缓解低血糖等生物活性。

对于抗过敏方面，龙须菜中的海藻寡糖和硫酸多糖起到了主要的作用。现代医学通过动物实验证实了龙须菜寡糖能够显著降低小鼠粪便中组胺的水平，有效缓解小鼠空肠组织出现水肿、淋巴结充血等炎症的过敏病理现象，是作为一种食物过敏预防剂而起到了抗过敏的作用[27]。而体外细胞模型研究也发现，龙须菜硫酸多糖能够抑制大鼠嗜碱性粒细胞脱颗粒，降低细胞组胺、活性氧的分泌，抑制其释放过敏相关细胞因子，起到抑制过敏反应中嗜碱性粒细胞激活的活性[28]。由此可见，龙须菜中的海藻寡糖和硫酸多糖具有良好的抗过敏活性，适宜易过敏的人群经常食用。

4. 蜂斗菜

蜂斗菜，又名蛇头草、黑南瓜、野饭瓜、网丝皮等，为菊科蜂斗菜属植物蜂斗菜的全草，具有特殊香气，在我国南方地区自古即有利用其茎、叶和花蕾作为蔬菜食用或作香辛料调味用的历史。其性凉，味苦且辛，《全国中草药汇编》记载其能消肿，解毒，散瘀。用于毒蛇咬伤，痈疖肿毒，跌打损伤。现代研究发现蜂斗菜中的化合物具有降低细胞内钙离子浓度、抗组胺、抑制白三烯合成的作用，从而具有治疗偏头疼、抗炎、解痉的作用。

在抗过敏方面蜂斗菜的作用不容小视，现代医学动物实验证实，在大鼠被动皮肤过敏反应中，蜂斗菜的根部提取物岩藻酸能有效地抑制肥大细胞脱颗粒的释放，抑制平滑肌收缩，有效缓解喘息和花粉症的症状，而且蜂斗菜总提取物和氯仿提取物在小鼠同种及异种被动皮肤过敏反应模型、组胺致小鼠毛细血管通透性增高模型以及小鼠迟发型超敏反应模型上也都显示出了显著的抗过敏作用，有良好的抗 I 型和 IV 型超敏反应作用[29]。

5. 生姜

生姜为姜科植物姜的新鲜根茎，是食品、医药等工业的天然原料，其味辛，性微温。《中国药典》认为其能"解表散寒，温中止呕，化痰止咳"。多用于治疗风寒感冒，胃寒呕吐，寒痰咳嗽。

现代研究发现，生姜中含有 100 多种成分，主要可分为挥发油、姜辣素和二苯基庚烷 3 大类，此外还含有多种氨基酸、维生素和六氢姜黄素及铁、铜、锰、锌、铬、镍和锗等多种微量元素。

我国自古以来，每当人们淋雨受凉，都会煮一碗生姜水服下，用以提高免疫力，防止感冒发热。这样的土办法真的有用吗？现代医学研究发现，生姜提取物在高剂量时能降低 AD 大鼠大脑中 NF-κB 和 1L-1β 表达，可降低炎症反应。6-姜酚与 Hp 生长所需酶发生了相互作用，能抑制幽门螺旋杆菌的生长，生姜挥发油的单菇醛类中，紫苏醛、橙花醛和香味醛具有很强的抗真菌活性[30]。此外，生姜能增加唾液的分泌量，增强淀粉酶活性，显著提高小肠消化酶活性，对胃黏膜的刺激和化学性损伤均有保护作用。

二、辅助调理过敏体质的药膳配方

1. 葱白红枣鸡肉粥

原料：红枣 10 枚（去核），葱白 5 根，连骨鸡肉 100 克，香菜 10 克，生姜 10 克，粳米 100 克。

做法：①粳米、红枣、鸡肉分别洗净；姜切片；香菜、葱切末。②锅内加水适量，放入鸡肉、姜片大火煮开；然后放入粳米、红枣熬 45 分钟左右。③加入葱白、香菜，调味服用。

功效：鸡肉温中益气，安五脏，益气力，治虚劳羸瘦，葱白香菜芳香通窍解表，合生姜大枣补益中焦之气，适用于鼻塞、喷嚏、流清涕、咳嗽、恶风寒、身痛的风寒型过敏性鼻炎。

2. 薏苡仁绿豆粥

原料：绿豆 50 克，薏苡仁 50 克。

做法：①将绿豆洗净，用凉水泡 3～4 个小时，薏苡仁洗净。②锅中加水适量，大火烧开后放入薏苡仁和绿豆，再次烧开后改小火煮 1 个小时成粥即可。

功效：绿豆能清热解毒，去风疹，益气力；薏苡仁健脾益胃，祛风渗湿，二者共奏清热利湿之效，对于急性湿疹，皮肤红斑、丘疹、水疱伴渗出液较多者有一定的缓解作用。

3. 荸荠薄荷饮

原料：荸荠 200 克，新鲜薄荷 5 克，白糖适量。

做法：将荸荠去皮、洗净，放入榨汁机榨汁。然后将新鲜薄荷洗净，加白糖捣成泥，放入荸荠汁中加水调匀，频频饮用。

功效：荸荠消风毒、泻胃热，薄荷散风热，发毒汗，透疹疹，这款药膳具有凉血、祛风、止痒的功效，不仅对儿童身上起的急性荨麻疹有效，也对成年人身上的慢性荨麻疹有一定缓解作用。

4. 固表粥

原料：当归 12 克，乌梅 15 克，黄芪 20 克，粳米 100 克，冰糖适量。

做法：将当归、乌梅和黄芪放入锅中，加适量清水，小火煎煮成汁，倒出。在砂锅中再次加入适量清水，小火煎煮成汁，将两次煎好的药汁倒在一起。把粳米洗净和药汁一起放入锅中，大火煮沸后改小火熬煮成粥，最后加入适量冰糖调味即可。

功效：乌梅酸收固表、敛肺和营，当归理血消风，血行风自灭；而黄芪合乌梅补气固表、合当归生血熄风，这款粥能固表、养血、消风，对于严重的皮肤过敏症状，有一定的缓解作用。

香苏回青饮

原料：红枣、水苏糖、红茶、代代花、桃仁、紫苏、桑叶、乌梅

中医认为过敏主要是由于自然界的风寒之气引动人体的内风所致，此风来去迅速，发散在表，因此在解表祛风的同时，本质上需要

改变的是正虚内风的体质。本方为改善过敏体质的佳品。紫苏辛散，解肌发表，疗伤风伤寒，乌梅酸收，收敛在表之风，治皮肤麻痹，二者一散一收，皆是缓解过敏症状的要药。桃仁润燥活血，解皮肤血热燥痒，改善皮肤发红、发热、起皮等过敏症状，深谙"治风先治血，血行风自灭"之旨。红枣通九窍，补不足之气，治虚劳损，能改善正气不足之体质，代代花理气宽胸，此二者又都能增强人体的免疫力，提升人体的正气。可见，本方从祛邪、活血、扶正方面发挥抗过敏，改善体质的作用。

第三节　辅助增强人体免疫力，抑制肿瘤作用

随着对肿瘤发病机制认识的不断深入，科学家发现，癌细胞在发生发展的过程中不断地积累着新的突变，其表面会产生不属于正常细胞的新抗原，而免疫系统可以通过这些新抗原来识别并杀死癌细胞。但是虽然肿瘤细胞形成了抗原，如果 T 细胞的活性不够，人体则无法将"坏"的癌细胞与正常细胞分辨出来。此时，癌细胞就像生命力顽强的野草"种子"，而免疫力系统功能低下的人体就是一片肥沃的土壤。

当野草的种子已经长起来的时候，除掉表面的杂草显然是不够的，要阻止野草继续萌发生长，就需要依靠斩草除根的方法，彻底清除掉病患。在中医理论中则有许多方法能够调理改善人体的内环境，让其逐渐变成不适合野草萌发生长的"土壤"。因此，越来越多癌症的临床

治疗，开始采用中西医结合的方式，以期在治癌防癌的方面起到更好的效果。随着化学治疗、放射治疗、基因治疗等治疗手段的缺陷的凸显，中药作为一种重要的辅助治疗手段，不仅仅能够明显缓解放、化疗副作用，提高患者的生存质量，延长生存期；还能有效辅助放、化疗控制肿瘤的扩散和浸润转移，增强患者的免疫功能，清除已转移的癌症病灶，在减少肿瘤复发和转移方面发挥了更加积极的作用。目前中医药联合放、化疗一起使用，在临床中运用得越来越广泛。

中医理论普遍认为癌症的发生、发展和结局受到诸多因素的影响，风、寒、暑、湿、燥、火六淫不正之气，循经入脏，渐成气滞血瘀，或蕴湿化热成痰，或化热积毒，这些都与肿瘤的发生发展有明显关系。中国人常说"病从口入"，饮食不节，贪食生冷或燥热炙膊，或不洁霉腐之品，渐成积滞内停，蕴久化毒，也是诱发肿瘤的重要因素之一。此外，情绪也对肿瘤具有较大的影响作用。怒、喜、忧、思、悲、恐、惊七情所伤，气化成阻，气机不畅，可致气滞血瘀，瘀毒内结影响脏腑的正常生理功能，使人体的抗病能力——正气虚弱，形成癌症。

由于导致肿瘤形成的原因非常复杂，因此在治疗上中医对癌症更注重整体功能的调节，在进行中药对抗癌症时，应该从整体上把握，不仅要进行食物和药物的筛选，还要注意情绪的作用。中医药治疗癌症注重整体观念、辨证施治，复方是中医用药治疗的主要形式，具有多靶点的特点。从现代角度看，中医复方效用是特定作用条件下的多种药物的多种有效成分或者多组化学成分相互作用、相互影响的综合表现，复方中多种物质及其共存关系是决定疗效的基础，从而发挥抑制肿瘤的作用。

一、辅助抑制肿瘤作用的常见食物

1. 刺梨

刺梨，又名茨梨、文光果、油刺果等，为蔷薇科蔷薇属多年生落叶小灌木的果实，广泛分布于温带及亚热带地区，在我国西南地区广泛种植，为药食兼用的植物。其性甘，酸涩，《中药大辞典》记载其能健胃、消食。临床上用来治疗食积饱胀。刺梨具有很高的营养价值，富含维生素 C、多酚、有机酸、多糖、黄酮、微量元素等物质，其中含维生素 C 的含量居水果之首。现代研究发现，刺梨具有调节机体免疫功能、解毒、镇静、延缓衰老、抗动脉粥样硬化、抗肿瘤等多种生物学作用。

现代医学的体外实验证实了刺梨提取物能使人子宫内膜腺癌细胞出现悬浮、皱缩等现象，且随着剂量的增加和作用时间的延长，抑制癌细胞增殖的作用逐渐增强，提示刺梨具有体外抗人子宫内膜腺癌细胞的作用[31]。

事实上，除了对于子宫内膜癌细胞具有抑制繁殖的作用外，刺梨对于人体肝癌细胞也具有抑制癌细胞增殖的作用。通过诱导细胞分化，降低原发性肝癌最特异性的标志物甲胎蛋白（AFP）的含量从而实现其抗肿瘤作用[32]。

2. 苦瓜

苦瓜，别名癞瓜、癞葡萄、红姑娘等，为葫芦科苦瓜属植物苦瓜的果实。苦瓜在全国各地都有栽植，《中药大辞典》记载其能清暑涤热、明目、解毒、治热病烦渴引饮、中暑、痢疾、赤眼疼痛、痈肿丹毒、恶疮。

苦瓜性寒味苦，现代研究发现苦瓜有很好的降糖、减脂、抑菌消炎、抗突变、抗肿瘤以及提高人体自身免疫力抗癌等功效。有效成分，如α-苦瓜素、β-苦瓜素、多酚类物质、苦瓜皂苷、甘油二酯、维生素C、B17、β-胡萝卜素和番茄红素、奎宁蛋白等在抗癌机制中主要具有抗突变、抗氧化、抗癌细胞增殖、转移以及诱导癌细胞凋亡的作用，是预防和治疗恶性疾病的潜在药物，能抑制肿瘤细胞增殖和转移，并诱导肿瘤细胞凋亡。

体外实验也证实了苦瓜皂苷G干预人肺癌细胞，能降低癌细胞增殖率、细胞活力以及细胞迁移能力，提高细胞凋亡率，从而达到抑制癌细胞的增殖和迁移，并诱导癌细胞凋亡[33]。

3. 西兰花

西兰花，又名花椰菜、绿菜花、青花菜等，属十字花科芸薹属甘蓝种的一个变种，原产于地中海东部沿岸地区，我国在清朝光绪年间引种，现在已在我国广泛种植。西兰花因具有爽脆的口感和化学防护作用而广受关注，其营养丰富，含有如植物性优质蛋白质、芥子油苷、黄酮类化合物、脂肪、矿物质、维生素C、维生素E、维生素K、胡萝卜素、类黄酮、硒等多种营养成分，其含量位居同类蔬菜之首，被誉为"蔬菜皇冠"。

现代医学研究表明，人体可将摄入的西兰花中的芥子油苷水解成异硫氰酸酯，其化合物萝卜硫素具有抗各种肿瘤细胞系的特性，能够通过阻滞细胞周期、减轻氧化应激等方式预防多种肿瘤[34]。另外，体外实验也发现，西兰花多肽可诱导胶质瘤细胞发生凋亡反应，增殖活性降低，并且随着药物剂量升高和作用时间延长效应增强，显示出了西兰花多肽具有良好的诱导肿瘤细胞凋亡的作用[35]。

4. 芦笋

芦笋，又名石刁柏、龙须菜、文山竹等，为百合科天门冬属雌雄异株宿根性多年生草本植物，全国大部分地区都有分布，嫩苗可供蔬食。早在两千年前的汉代，《神农本草经》就将芦笋列为上品，其性甘、寒，《中药大辞典》记载其能治热病口渴，淋病，小便不利。芦笋富含多种皂苷、黄酮类、氨基酸、维生素、微量元素硒、铁、锌及蛋白质、碳水化合物等营养成分，具有抗癌、降血脂、增强免疫功能、抗衰老等药理作用，芦笋能够抗癌的特性是目前对其研究的热点。

芦笋多糖、芦笋皂苷可以降低肉瘤细胞的瘤重，延长肝癌细胞小鼠的生存时间，使生命延长作用明显。当作用于人肝癌细胞、人胃癌细胞各72小时后，能抑制癌细胞生长，诱导其发生凋亡，产生凋亡小体，启动细胞的生死开关，从而进入一个不可逆转的线粒体凋亡途径。此外，它还对人乳腺肿瘤细胞、胰腺癌细胞、子宫颈癌细胞的增殖具有抑制作用，且随质量浓度增加而增加，呈剂量依赖性[36]。

5. 洋葱

洋葱，别称圆葱、葱头、球葱、玉葱等，属于百合科葱属植物洋葱的鳞茎，在全国各地都有栽培，四季均有上市。其香气强烈，煮熟后味道甘甜，是传统的药食两用植物，因其营养丰富，有着"蔬菜皇后"的美誉。洋葱在20世纪初才传入我国，时间较晚，中医并没有入药的记载。

现代研究发现洋葱含有含硫化合物、类黄酮化合物、维生素、矿物质、蛋白质、碳水化合物、胡萝卜素等，具有抑菌、降血糖、降血脂、降血压、抗氧化、抗肿瘤等多种药理活性。

而在现代医学中，对于洋葱的研究也逐渐深入。体外实验的结果证实了洋葱提取物可明显抑制人肝癌细胞、人结肠癌细胞的增殖，并诱导其凋亡，呈剂量依赖性，浓度越高，抑制率越高[37-38]；另外，洋葱中含烯丙基的硫化物可预防乳腺癌，并能有效地抑制胃癌、食道癌和结肠癌，抑制导致结肠癌和肾癌的致癌物质，从而预防和治疗结肠癌和肾癌。这些硫化物是通过调节致癌因子的代谢酶来抑制癌细胞DNA模板的形成与复制的。由此可见，洋葱具有一定的抗癌活性，能通过清除自由基、抑制损害正常细胞的活性物质，从而有效抑制肝癌和结肠癌细胞生长，可以作为饮食添加成分用于治疗和预防多种癌症。

6. 金针菇

金针菇，又名冬菇、朴菇、金钱菌等，为白蘑科真菌冬菇的子实体，是目前人工栽培较为广泛的食用菌之一，金针菇盖滑、柄脆、味道鲜美，营养极其丰富，在国际市场上产量仅次于白蘑菇和香菇，居食用菌第三位，而我国的产量居世界首位。其性甘、咸、寒，《中华本草》记载其能补肝；益肠胃；抗癌。主要用于肝病；胃肠道炎症；溃疡；癌症。

现代研究发现，金针菇含有的多酚、蛋白质、萜类、多糖等成分，具有抗癌、提高免疫力、保肝、抗氧化、抗疲劳等功能。

现代医学通过体外抗肿瘤试验，证实了金针菇能通过改变癌细胞的生长周期，使其停留在DNA合成期的时间加长，从而激活细胞凋亡通路使其凋亡，抑制人乳腺癌细胞株MCF-7、人宫颈癌细胞株Hela、肺腺癌细胞株A549、肺癌细胞株SPC-A-1、肝癌H22肿瘤的增殖[39-40]。另外，还能通过增强细胞和体液免疫功能，增加血清中各种细胞因子的表达来起到抗肿瘤作用[41]。

7. 薏苡仁

薏苡仁，又名苡米、薏仁米、沟子米等，为禾本科植物薏苡的成熟种仁。薏苡仁主产于我国贵州、福建、河北、辽宁等地，多用于煮饭、煮粥、煮汤等。中医认为其性甘淡、凉。《中药大辞典》记载其能健脾，补肺，清热，利湿。临床上常用治疗泄泻、湿痹、筋脉拘挛、屈伸不利、水肿、脚气、肺痿、肺痈、肠痈、淋浊、白带。薏苡仁含有脂肪酸及脂、多糖类化合物、氨基酸等有效成分，具有抗肿瘤、增强免疫、降血糖、镇痛消炎等药理作用。

薏苡仁中提取出的薏苡仁酯、薏苡仁油等具有抑制肝癌细胞、肉瘤细胞、乳腺癌细胞等癌细胞的增殖作用，被证实为有效抗癌活性物质，也为其在临床应用提供了光明的前景。有文献报道薏苡仁注射液与超液化碘油有协同治疗改善原发性肝癌患者临床症状的作用[42]。其抗肿瘤机制为抑制肿瘤细胞周期，抑制癌细胞分裂与增殖，抑制肿瘤细胞的血管形成，提高机体免疫功能[43]。

二、辅助增强抑制肿瘤能力的药膳配方

1. 双莲茶

原料：半枝莲 30 克，半边莲 30 克。

做法：水煎或是开水冲泡，代茶饮。

功效：半枝莲和半边莲都有清热解毒、利水消肿的功效，对于各类癌细胞有着一定的抑制效果，尤其适合于癌症长期发热的患者。

2. 白果虫草老鸭汤

原料：白果 12 克，冬虫夏草 15 克，香菇 30 克，老鸭 1 只（或

鸭肉 1000 克），葱、姜、盐适量。

做法：将鸭洗净，去除内脏切块，香菇泡发，和白果、冬虫夏草一同放进砂锅内，加盖武火烧沸，改用文火煨约 1 小时，加适量盐。

功效：白果能祛痰止咳定喘，冬虫夏草能补五脏之虚，化痰止血，鸭肉解毒治病后虚肿。本品对于肺癌以及肺癌术后都有一定的效果。

3. 六汁饮

原料：雪梨、甘蔗、猕猴桃、生姜、荸荠、木瓜各 250 克。

做法：分别洗净切碎榨汁机打成汁，频频服用。

功效：此六种植物榨汁长期饮用，既对各类肿瘤有一定的效果，同时还能缓解放疗后出现的顽固性口干等症状。

4. 参芪猴头鸡汤

原料：人参 15 克，黄芪 30~50 克，猴头菇 100 克，香菇 50 克，鸡 1 只（约 1500 克），红枣 30 克，枸杞 30 克，姜、葱、盐、味精适量。

做法：将鸡去内脏洗净切块，猴头菇、香菇、红枣泡发，并将人参、黄芪入锅，加水 1000 毫升左右，文火炖烂，起锅时加入枸杞、姜、葱、盐、味精。

功效：猴头菇能滋养强壮，补益五脏，近年来发现其对食道癌、胃癌、贲门癌等均有较明显的疗效，再加上人参、黄芪、香菇之补益中气，调理脾胃，本品能补气健脾，对于癌症阳气不足、脾胃虚弱的患者较为适宜。

5. 百合银耳桂圆粥

原料：百合 50 克（鲜品加倍），银耳 50 克，龙眼肉 50 克，薏苡仁 30 克，粳米 50 克，冰糖适量。

做法：银耳水发洗净煮烂，百合、龙眼肉、薏苡仁、粳米洗净熬粥，最后加入银耳，放入冰糖搅拌。

功能：百合、银耳养阴润肺，清心安神；龙眼肉补血养心，薏苡仁健脾除湿。本品能滋阴益心肺，对于癌症阴气不足、肺气虚损、心悸虚烦的患者较为适宜。

6. 归参龙眼炖乌鸡

原料：当归 20 克，人参 20 克，龙眼肉 50 克，乌鸡 1000 克，红枣 20 克，姜、葱、盐、味精适量。

做法：将乌鸡去内脏洗净切块，以上药材放入砂锅，加水 1000 毫升左右，文火炖烂，起锅时加入姜、葱、盐、味精。

功效：乌鸡主虚劳羸瘦、骨蒸痨热，人参大枣补气健脾，当归、龙眼肉补血养心，本品能气血阴阳双补，对于癌症后期气血阴阳均不足的患者较为适宜。

参考文献：

［1］李守汉，廉永善，李洁. 破壁松花粉对运动大鼠免疫功能及运动能力的影响［J］. 营养学报，2016（2）：201.

［2］邢丽. 松花粉硫酸酯化多糖对小鼠巨噬细胞的免疫调节作用［D］. 山东师范大学硕士学位论文，2015.

［3］张晓瑜，李波，焦丽丽. 人参寡糖粗提物对巨噬细胞的免疫调节作用［J］. 生物技术世界，2014（10）：87-91.

［4］吕梦捷，曾耀英，宋兵. 人参皂苷 Rb_ 1 对小鼠 T 淋巴细胞体外活化、增殖及凋亡的影响［J］. 中草药，2011，42（4）：743-748.

［5］王米，张丽芳，费陈忠等．蛹虫草多糖对小鼠腹腔巨噬细胞免疫功能的影响［J］．中国生化药物杂志，2015，35（4）：10-12.

［6］宋佳，聂铭喜，赵咏梅等．柞蚕蛹虫草超微粉对小鼠免疫功能的增强作用［J］．吉林大学学报（医学版），2017，43（3）：496-501.

［7］张圣方．泰山蛹虫草多糖对免疫抑制小鼠肠道菌群和免疫调节功能的影响研究［D］．山东农业大学，2015.

［8］黄海英，于定荣，郭艳丽．大蒜油对小鼠免疫功能影响的研究［J］．科技展望，2016，26（10）：262-263.

［9］韩贵芝，张春芝，张彪等．大蒜素对小鼠外周血淋巴细胞的影响［J］．中国热带医学，2017，17（5）：452-455.

［10］Sasaki J，CH LU，Machiya E，et al. Processed black Garlic（allium sativum）extracts enhance anti-tumor potency againstmouse［J］. Med Aroma J Plant Sci Biotech，2007，1（2）：278-281.

［11］赵晓峰，何海根，章建萍等．黄芪对免疫功能低下小鼠免疫功能的影响［J］．浙江中医药大学学报，2012，36（6）：749-751.

［12］陆鹏，莫让辉，梁柱石．黄芪对免疫无应答艾滋病患者 CD4+T 淋巴细胞数的影响［J］．中华实验和临床感染病杂志（电子版），2014，8（2）：267-268.

［13］范文彤．黄芪多糖对小鼠免疫功能的药理学实验研究［J］．中国当代医药，2018，25（3）：10-14.

［14］吕小华，陈文青，罗世英等．螺旋藻多糖对 CHB 患者 PBMC 免疫功能的影响［J］．中国药理学通报，2015，31（8）：1120-1125.

［15］史振伟，许焱，李晓璐等．银耳多糖改善脓毒症小鼠调节性 L 细胞的免疫活性［J］．中国免疫学杂志，2016，32（3）：313-317.

［16］郑素玲．山药对免疫机能低下小鼠耐缺氧能力的影响［J］．动物医

学进展，2010，31（2）：70-73.

　［17］徐增莱，汪琼，赵猛等．淮山药多糖的免疫调节作用研究［J］．时珍国医国药，2007，18（5）：1040-1041.

　［18］Wang L R，Li J，Dong Y J，et al. Effect of glycyrrhiza polysaccharideon growth performance and immunity function of mice［J］．Agri Sci Tech，2008，9（2）：129-131.

　［19］徐海星，胡伟．甘草浸膏对小鼠免疫功能的影响研究［J］．中国药业，2018，27（4）：3-5.

　［20］Li X L，Zhou A G. Evaluation of the immunity activity of glycyrrhizin in AR mice［J］．Molecules，2012，17（1）：716-727.

　［21］姚卫民，梁标，刘钰瑜等．单方绿豆粉干预哮喘小鼠肺组织中白三烯 C4 和 5-脂氧合酶及其激活蛋白的变化效应［J］．中国临床康复，2005，9（27）：106-109.

　［22］D'Amato G. Urban air pollution and plant-derived respiratory allergy［J］．Clin Exp Allergy，2000，30：628-636.

　［23］Li Li，Xiao-yue Wang，Hong Meng，et al. In vitro and in vivo antiallergic effects of an extract of a traditional Chinese medicine preparation［J］．Biomed Dermatol，2017（1）：5.

　［24］张小琼，侯晓军，杨敏等．乌梅的药理作用研究进展［J］．中国药房，2016，27（25）：3567-3570.

　［25］朱海燕，吴贤波，金贤国等．酸味中药乌梅对肥大细胞脱颗粒及相关信号传导通路的影响［J］．时珍国医国药，2015，26（9）：2096-2098.

　［26］杨慧，马培，林明宝，侯琦．紫苏叶化学成分、抗炎作用及其作用机制研究进展［J］．中国药理学与毒理学杂志，2017，31（3）：279-286.

　［27］时超岚，曾润颖，曹敏杰等．龙须菜寡糖分离纯化和抗食物过敏功

效的研究［J］. 集美大学学报（自然科学版），2015，20（1）：14-22.

［28］刘庆梅. 龙须菜硫酸多糖抗食物过敏活性的研究［D］. 集美大学硕士学位论文，2016.

［29］郑倩倩，孔培俊，吴喜民等. 蜂斗菜不同极性部位抗过敏的实验研究［J］. 上海中医药大学学报，2011，25（4）：79-82.

［30］张云玲，郑一敏，胡少南等.6-姜酚对幽门螺杆菌的抑菌作用研究［J］. 现代食品科技，2013，29（6）：1259-1261，1305.

［31］戴支凯，余丽梅，杨小生等. 刺梨三萜化合物 CL1 体外抗人子宫内膜腺癌作用［J］. 时珍国医国药，2011，22（7）：1656 -1658.

［32］黄姣娥，江晋渝. 刺梨三萜对人肝癌 SMMC-7721 细胞增殖的影响［J］. 食品科学，2013，34（13）：275-279.

［33］谢鑫杰，陆熠. 苦瓜皂苷 G 对人肺癌 A549 细胞的增殖迁移与凋亡的影响及作用机制［J］. 广西医学，2018，40（9）：1068-1072.

［34］Lee Y R, Noh E M, Han J H, et al. Sulforaphane controls TPA-induced MMP-9 expression through the NF-κB sig-naling pathway, but not AP-1, in MCF-7 breast cancer cells［J］. BMB Rep, 2013, 46（4）：201-206.

［35］徐俊杰，于洪泉，赵伟等. 西兰花多肽对 C6 胶质瘤细胞的诱导凋亡作用［J］. 吉林大学学报（医学版），2013，39（1）：8-11.

［36］张颖，杨冬梅，叶清等. 芦笋总皂苷对人乳腺肿瘤细胞 MCF-7 体外增殖的影响［J］. 吉首大学学报（自然科学版），2017，38（1）：45-48.

［37］刘金娟，杨成流，孙勇等. 洋葱提取物诱导人肝癌 HepG2 细胞凋亡及其分子机制研究［J］. 中国药学杂志，2014，49（11）：967-970.

［38］陈凤秀，尉艳霞，潘虹等. 洋葱黄酮类物对人结肠癌 HCT116 细胞增殖和凋亡的影响［J］. 中药药理与临床，2008，24（5）：36-40.

［39］汪璐，刘明月，谢鲲鹏等. 金针菇与黑木耳醇提物的抗肿瘤和抗氧

化作用比较 [J]. 中国生化药物杂志, 2016, 36 (12): 46-48.

[40] 冯婷, 汪雯翰, 张劲松等. 金针菇不同萃取物对肿瘤细胞的影响 [J]. 菌物学报, 2016, 35 (10): 1234-1243.

[41] 朱宴妍, 王瑞, 魏巍等. 柳生金针菇胞外粗多糖对小鼠肝癌 H22 移植性肿瘤的抑制作用和免疫功能调节的研究 [J]. 菌物学报, 2015, 34 (4): 772-778.

[42] 杜琴, 胡兵, 沈克平. 补益中药抗肝癌作用研究概况 [J]. 中药材, 2010, 33 (9): 1512-1515.

[43] 张明发, 沈雅琴. 薏苡仁油抗头颈部癌的药理作用和临床应用研究进展 [J]. 现代药物与临床, 2012, 27 (2): 171-175.

第八章
辅助增强呼吸系统功能的食养方案

新闻中常见煤矿工人不幸罹患"矽肺"的报道，可见空气污染对肺脏功能的影响首当其冲，不像对其他系统的危害一样隐匿难觅。当空气中的有害物质浓度较高时，肺部不适通常会在暴露发生后数小时至数天内急剧发生。目前的研究发现，人体在空气污染暴露一天后，造成的急性健康影响极大，与炎症细胞计数密切相关的细胞因子水平会明显上升，而慢性影响则通常会延续数年。

第一节　空气污染对人体呼吸系统的影响

有些人认为雾霾天吸点"脏空气"只是小事，或是嫌戴上专用口罩麻烦不便。不用过上几天，肺部和呼吸道就会出现反应，从咽喉部隐隐约约的不适感，逐渐可能变为感冒发烧咳嗽，甚至让人难以忍受。二氧化硫、总悬浮颗粒物和降尘等空气中的污染物，不仅能够刺激眼、鼻、喉、下呼吸道黏膜等器官，损害黏膜上皮细胞，增加黏膜反应性，促使气道收缩，引起咳嗽、咳痰；而且颗粒上黏附的细菌和病毒会对机体造成入侵，激活巨噬细胞，导致氧化应激，降低机体抵抗力，增加感染微生物的风险。这两者都与炎症的产生有着密切的关系，会使得间质炎性细胞浸润，肺泡出血和水肿，肺泡上皮细胞脱落，肺纤维增生，肺泡腔变窄，最终损伤正常黏膜组织结构，诱发肺气肿和气道重塑，导致各类呼吸系统疾病。如果人体暴露在污染的空气中数年之久，则会增加因呼吸系统疾病的发病率甚至是死亡率，如罹患哮喘和慢性阻塞性肺病等慢性肺部疾病，增加流感、肺炎、肺癌的死亡率等。

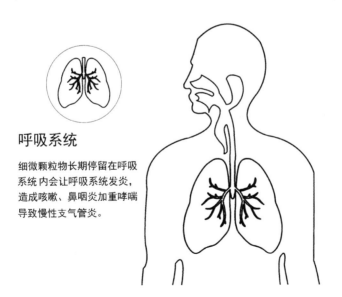

呼吸系统

细微颗粒物长期停留在呼吸系统内会让呼吸系统发炎，造成咳嗽、鼻咽炎加重哮喘导致慢性支气管炎。

图 8.1 空气中的污染物吸入肺部，大颗粒会附着在上呼吸道的黏膜上，随痰液咳出，细小颗粒沉积在肺泡后，进入毛细血管

图 8.2　空气污染引起咳嗽咳痰

此时，可以通过膳食的方法，针对性地选择一些有利于恢复呼吸系统功能的药食同源的食物，能够减轻黏膜反应性，减少咳嗽的症状，促进痰液排出体外；还能够减轻炎性反应，抑制微生物的增殖，帮助机体提高抗病能力，达到抗炎、抗菌、抗过敏、抗感染的效果。

第二节　辅助增强呼吸系统功能的常见食物

1. 罗汉果

罗汉果，又名拉汗果、假苦瓜，为葫芦科罗汉果属的多年生宿根性藤本植物。罗汉果的果实为我国特有的经济和药用植物，主要分布于广西、广东、贵州地区，有着"东方神果"和"长寿之果"的美誉。在当地，罗汉果有着悠久的治疗肺系疾病的历史，《岭南采药录》记载"理痰火咳嗽，和猪精肉煎汤服之。"

中医认为罗汉果性凉，味甘，《中国药典》记载其能清热润肺，滑肠通便，用于肺火燥咳，咽痛失音，肠燥便秘。现代研究还发现罗汉果还有抗炎、抗氧化、免疫调节和肝保护、抗癌等作用。

现代医学也利用动物实验证实了罗汉果对于呼吸系统的保护作用。罗汉果水提取液能改善急性咽炎大鼠的咽部组织病理形态学变化，能使咽部组织的上皮外角质化不明显，复合鳞状上层不出现增生，减少固有膜及黏液腺间的炎性细胞浸润，同时能使白细胞计数降低，中性粒细胞计数升高，明显的抑制造成炎症的细胞因子的表达[1]。因此，在临床医学上，罗汉果常常被用于对抗急性炎症早期渗出性水肿，减轻黏膜组织水肿，对抗炎症。而且在动物实验中，其中的有效成分罗汉果皂苷提取物和单体成分罗汉果苷Ⅴ能显著减少氨水或二氧化硫致咳小鼠的咳嗽次数，延长咳嗽潜伏期，增加小鼠气管酚红排泄量[2]，显示出了罗汉果甜苷在化痰镇咳方面的良好作用。难怪罗汉果成为了清咽利喉的佳品，长久以来受到咳嗽、咽痛患者的青睐和追捧。

2. 薄荷

薄荷，又名蕃荷菜、香薷草、接骨草等，为唇形科植物薄荷的地上部分。我国食用和栽培薄荷的历史悠久。全国大部分地区均能种植薄荷，而且民间很早就将鲜薄荷叶作为蔬菜食用，亦有用薄荷叶晒干后泡茶。

中医认为薄荷性味辛凉，是一味常用的解表药，关于薄荷的最早记录见于南北朝雷敩所著的《雷公炮炙论》。根据《中国药典》的记载，薄荷具有"宣散风热、清头目，透疹，用于风热感冒、风温初起、头痛、目赤、喉痹、口疮、风疹、麻疹、胸胁胀闷"的功效。

现代药理研究表明，薄荷中的薄荷脑和薄荷油等成分具有祛痰、抗炎镇痛、抗肿瘤，兴奋中枢神经系统、促进透皮吸收等作用。薄荷之所以能够广泛用于呼吸道、口腔等的炎症治疗，主要是因其对病原微生物的抑制作用。现代通过抗菌实验发现，薄荷精油对大肠杆菌、金黄葡萄球菌、白念珠菌、绿脓杆菌、枯草芽孢杆菌及变形杆菌等二十三种革兰氏阴性菌和革兰氏阳性菌菌属都有明显的抑制效果，而精油抗菌活性是由于单萜、异麦隆、柠檬烯和薄荷酮等多种成分的相互协同作用，并非单一成分发挥作用的结果[3]。此外，内服少量薄荷油可通过兴奋人的中枢神经，使皮肤毛细血管扩张，促进汗腺分泌，增加散热，有发汗解热作用[4]。因此，薄荷对于发热、咽痛、细菌感染的患者尤为适宜。

3. 余甘子

余甘子，是大戟科、叶下珠属木本植物。又名余甘树、油甘子、庵摩勒、橄榄、滇橄榄、园酸角、油柑、望果、牛甘子、久如拉（藏语）、麻项邦（傣语）等名。

余甘子在晋代就始载于《南方草木状》，原译名称庵摩勒，为常用清热解毒药。性味：苦、甘、寒。归经：入脾、胃二经。《本草纲目》称其"主补益气，久服轻身，延年益寿"。具有止咳化痰，解毒乌发的功效，是一种具有护肝、抗心血管系统疾病、抗衰老等多种药理活性且安全性较高的藏族习用药材，同时也是卫生部公布既可以作为食品也可以作为药品或保健食品开发的重要原料之一。

余甘子的果实富含多种维生素，可生津止渴，润肺化痰，治咳嗽、喉痛，解河豚中毒等。初食味酸涩，良久乃甘，故名"余甘子"。

树根和树叶供药用，能解热清毒，治皮炎、湿疹、风湿痛等。

现代医学在进行动物实验研究时发现，余甘子总黄酮提取物具有较好的抑制 H1N1 病毒感染小鼠肺部炎症的作用[5]。

4. 百合

百合，别名重迈、中庭、重箱、摩罗、蒜脑薯等，为百合科植物卷丹、百合或细叶百合的肉质鳞叶。百合不仅是自古以来人们喜爱的观赏植物，更是能够强身健体的保健食材。

中医认为百合味甘、性微寒，在古代便已经有"枇杷百合饮"的饮品，专门用于止咳祛痰平喘。《中国药典》认为其"养阴润肺，清心安神。用于阴虚久咳，痰中带血，虚烦惊悸，失眠多梦，精神恍惚"。经过千百年的临床实践，中医认为百合对于肺系疾病的主要功效集中在止咳方面，著名成方百合固金汤更是治疗肺伤咽痛、咳喘痰血等症的名方。

现代医学则通过动物实验证实，用百合水提取液给小鼠灌胃，可使二氧化硫引咳的咳嗽潜伏期延长，咳嗽次数减少，也能通过增加气管黏液的分泌，使得痰液排出量显著增加，从而达到祛痰作用[6]。这一实验结果，恰恰与中医的认知相吻合。

此外，现代研究还发现，百合中含有百合甾体皂苷、百合多糖、生物碱类等活性成分，还含有磷脂类、蛋白质、氨基酸、维生素和大量微量元素等营养物质，对于强健体魄具有积极的保健作用。常常食用百合，对于慢性支气管炎、哮喘、咳嗽导致的咽干口燥、干咳少痰等症较为适宜。

5. 梨

梨是梨属植物白梨、沙梨、秋子梨等栽培种的果实。作为一种常见水果，梨在中国已有两千多年的历史。梨药食两用，其性凉味甘，《本草图经》认为宣城的乳梨（雪梨）、京州的鹅梨（鸭梨）、西域的消梨（香水梨）较佳。《中华本草》认为梨能清肺化痰、生津止渴，主肺燥咳嗽、热病烦躁、津少口干、消渴、目赤、疮疡、烫火伤。

因梨不耐储存，古人常削取梨的果皮晒干使用，如中医治疗外感温燥伤肺的著名中药桑杏汤，其中用的即为梨皮。而且现代研究证实，梨皮相比梨肉具有更丰富的化学成分，如梨皮中的熊果酸含量约为梨肉中的 4～120 倍，梨皮中齐墩果酸含量最高达到梨肉的 220 倍[7]。

对于呼吸系统来说，大多数品种梨具有抗炎作用，一些品种如青啤梨、红啤梨、鸭广梨、早酥梨、新疆香梨和雪花梨等，其总酚酸和总三萜含量较高，对于改善肺部炎症有着较为明显的作用。其中，新疆库尔勒香梨尤为突出，实验研究发现库尔勒香梨中的香梨粗多糖具有良好的抗氧化活性，增加小鼠免疫器官的脾和胸腺的重量，加强小鼠腹腔巨噬细胞的吞噬功能，延长了由二氧化硫、浓氨水致咳小鼠的咳嗽潜伏期，使咳嗽次数减少，显著增加小鼠气管酚红排泄量，促进气管内痰液大量排出，说明库尔勒香梨粗多糖有一定的免疫增强及镇咳祛痰的作用[8]。

6. 川贝母

川贝母，又名贝父、苦菜、勤母等，为百合科植物川贝母、暗紫贝母、甘肃贝母或梭砂贝母的鳞茎，在我国多产于四川、西藏、青海、甘肃等地。关于川贝母的记载最早见于《唐本草》，认为川贝母甘平，其味苦、性微寒。在《中国药典》中则记载了其能清热润肺，化痰止咳，多用于治疗肺热燥咳、干咳少痰、阴虚劳嗽、咯痰带血等病症。

经历了千百年的临床实践，中医对于川贝母提升呼吸系统功能的作用十分笃定。随着现代西方医学对于川贝母研究的深入发展，其作用被进一步肯定。一些研究表明，川贝的总皂苷和总碱部分具有非常显著的祛痰和镇咳平喘的效果，其机制为抑制平滑肌收缩，从而减轻气管、支气管痉挛，改善通气状况。而小鼠复发性哮喘模型的动物实验也证实了川贝母具有扩张细支气管，减轻气道狭窄，保护肺泡上皮细胞，以达到防治哮喘的目的[9]。

7. 蒲公英

蒲公英又名婆婆丁、黄花地丁、黄花草、尿床草等，为菊科植物蒲公英、碱地蒲公英或同属数种植物的全草，是餐桌上常见的野菜之一。《唐本草》最早对蒲公英进行了描述："蒲公英，叶似苦苣，花黄，断有白汁，人皆啖之"，中医认为其性苦、甘、寒，《本草纲目》记载其能治疗乳痈红肿、疳疮疔毒，现代《中国药典》记载其能清热解毒、消肿散结、利尿通淋，用于疔疮肿毒、乳痈、瘰疬、目赤、咽痛、肺痈、肠痈、湿热黄疸、热淋涩痛等症。

蒲公英对于呼吸系统疾病，主要能起到抗菌、抗炎、调节免疫的作用。体外抑菌实验证实，蒲公英多糖对金黄色葡萄球菌、溶血性链球菌有较强的杀菌作用，对肺炎双球菌、脑膜炎球菌、白喉杆菌、绿脓杆菌、变形杆菌、痢疾杆菌、伤寒杆菌、幽门螺旋杆菌等都有一定的抑制作用[10]。此外，动物实验发现，蒲公英煎液具有促进地塞米松诱导免疫功能低下小鼠的 IL-2、IFN-y、IL-4 的分泌，即通过改善机体的免疫抑制状态，增强和调节免疫功能的作用，在炎症反应初期，能增加血管的紧张性、减少充血、抑制白细胞浸润及吞噬反应，减少各种炎症因子的释放；在炎症后期，蒲公英提取物通过抑制毛细血管和白细胞的增生，抑制胶原蛋白、黏多糖的合成及肉芽组织增生，防止粘连及瘢痕形成[11]。

8. 金银花

金银花，又名双花、忍冬花、二宝花等，为忍冬科植物忍冬的干燥花蕾或初开的花。在我国分布广泛，食用和药用历史悠久，最早以"忍冬"之名见于晋代葛洪的《肘后备急方》中。中医认为其味甘、性寒，《中国药典》记载其能清热解毒，凉散风热。用于痈肿疔疮、喉痹、丹毒、热毒血痢、风热感冒、温病发热。现代研究证实其所含的化学成分具有多种药理活性，包括抗炎、抗菌、抗病毒、抗氧化、保肝、抗肿瘤等。

对于呼吸系统来说，金银花有较明显的抗病原微生物的作用，有"中药中的抗生素"之称。现代医学在进行体外实验时证实，金银花甲醇提取物对蜡样芽孢杆菌和金黄色葡萄球菌具有明显抑制活性，对短小芽孢杆菌、枯草芽孢杆菌、肺炎双球菌、表皮葡萄球菌、大肠杆菌、乙型链球菌、科代葡萄球菌和洋葱假单胞杆菌具有较强抑制作用[12]；且黄酮类成分木犀草苷和木樨草素对呼吸道合胞体病毒（RSV）、柯萨奇 B3、腺病毒 7 型、腺病毒 3 型和柯萨奇 B5 型等常见呼吸道病毒具有显著的抑制作用[13]。此外，金银花还具有抗内毒素、解热和抗炎作用。动物实验表明，金银花水提取物（有效成分为绿原酸、正丁醇萃取物等）能破坏内毒素的细微结构，对内毒素致大鼠发热均有不同程度抑制作用，对醋酸所致小鼠腹腔毛细血管通透性有抑制作用，对急性、肉芽肿性以及慢性炎症均有一定的抑制作用[14]。

9. 鱼腥草

鱼腥草，又名折耳根、猪鼻孔、臭草、蕺菜等，为三白草科植物蕺菜的地上部分，鱼腥草能凉拌、炒食或做汤食用，在中国、日本、印度等亚洲国家食用和药用广泛，具有"中药抗生素"之称。鱼腥草最早见于《本草纲目》，中医认为其性辛，微寒。《中国药典》记载其能清热解毒，消痈排脓，利尿通淋。用于肺痈吐脓、痰热喘咳、热痢、热淋、痈肿疮毒。现代研究认为鱼腥草对上呼吸道感染、支气管炎、肺炎、慢性气管炎、慢性宫颈炎和百日咳等均有较好的疗效，对急性结膜炎和尿路感染等也有一定疗效。

一直以来，鱼腥草都是作为专治肺病的中药。而现代医学研究却发现，鱼腥草中的鱼腥草素钠能够有效对抗金黄色葡萄球菌、卡他球菌、流感杆菌、肺炎球菌所引起的炎性疾病，其机制可能是降低细菌自溶素的表达及胞外 DNA 的释放，进而抑制细胞自溶，并阻碍生物膜的形成，进而发挥抗炎作用[15]；此外，鱼腥草素钠对 SARS 冠状病毒、单纯疱疹病毒 1、单纯疱疹病毒 2、埃可病毒 71 等病毒同样有着较好的效果。动物实验证实了，鱼腥草水提物具有够抗炎解热的功效[16]。因此，对于罹患肺部疾病的患者，多食用鱼腥草非常适宜。

10. 桔梗

桔梗，又称包袱花、铃当花、道拉基、荠苨、白药、大药等，为桔梗科植物桔梗的根。桔梗在我国分布广泛，利用较早，最早见于汉代中医著作《神农本草经》，是一种名副其实的食药两用佳品，也是朝鲜族常用于腌制咸菜的原料之一。中医认为其性苦、辛、平，《中国药典》记载其能宣肺、利咽、祛痰、排脓。用于咳嗽痰多、胸闷不畅、咽痛、音哑、肺痈吐脓、疮疡脓成不溃。现代研究证明桔梗祛痰镇咳平喘、抗炎、抗氧化、抗肿瘤、降血糖、保肝作用。

作为保肺、祛痰、镇咳、平喘的优秀中药，现代肺组织病理学研究显示对桔梗的功效给予了更强有力的支持。桔梗具有双向调节作用：当干咳少痰时，桔梗所含的桔梗皂苷 PD 和 PD3 能促进支气管黏膜分泌黏蛋白，从而促使痰液排出体外；当痰液分泌过多时，桔梗水提取物可抑制卵清蛋白诱导的黏液分泌过多，从而减少痰液，达到祛痰的效果[17]。此外，动物实验结果也表明了，桔梗能够有效抑制炎症反应[18]。因此，对于咳嗽的患者，常吃桔梗较为适宜。

11. 陈皮

陈皮，别名橘皮、贵老、红皮、新会皮等，是芸香料植物橘及其栽培变种的成熟果皮，常用于煲汤、做菜、制糖等。在中医中，陈皮苦、辛、温，能调中和胃、燥湿化痰、理气健脾，中医临床上可用于治疗胸脘胀满，脾闷胀满，暖腐吞酸，恶心呕吐，食少吐泻，咳嗽痰多，腹痛泄泻等症。

现代医学研究发现，陈皮就像一个"百宝箱"，其中的新橙皮苷有抗菌消炎的作用，橙皮苷能抑制枯草芽孢杆菌、埃希大肠杆菌、克雷伯菌、绿脓杆菌、伤寒沙门菌、痢疾志贺菌、弗氏至贺菌、产气消化球菌、溶血链球菌和霍乱弧菌等细菌的生长；其中的挥发油可刺激呼吸道黏膜，促使分泌增多、痰液稀释、利于排出；其所含的生物碱，如辛弗林，能够缓解支气管平滑肌痉挛，此外大剂量的陈皮乙醇提取物能降低生物体内羟脯氨酸的含量，从而减少胶原沉积，延缓肺纤维化病变的进程[19]。

12. 白果

白果，别名银杏、灵眼、佛指甲等，为银杏科植物银杏（白果树、公孙树）的成熟种子，银杏在地球上存活了约 3 亿年，被称为"活化石"；白果在我国也是很早就被用来治疗肺部疾病，为药食同源的食物。中医认为其性甘、苦、涩、平，《中国药典》记载其能敛肺定喘，止带浊，缩小便。用于痰多喘咳，带下白浊，遗尿、尿频。现代研究认为白果在抗菌、抗氧化、抗糖尿病、抗癌、降压、护肝以及免疫刺激等方面具有疗效。

对于肺部疾病来说，白果中的白果酸和白果蛋白能不同程度地抑制大肠杆菌、炭疽杆菌、伤寒杆菌、金黄色葡萄球菌、链球菌等多种细菌[20]；其中的白果酚甲能提高血管的通透性，改善炎症，从而缓解肺炎的症状，白果乙醇提取物能够起到缓解呼吸道平滑肌痉挛、镇咳祛痰的作用。白果能够减轻肺部炎症的作用也得到了动物实验的证实[21]。

第三节　辅助增强呼吸系统功能的药膳配方

1. 蜂蜜萝卜饮

原料：白萝卜 50 克，生姜 15 克，大枣 20 克，蜂蜜 30 克。

做法：水 500 毫升，加白萝卜、生姜、大枣煮沸后文火煮 30 分钟，再加入蜂蜜，趁热饮用。

功效：萝卜有清热凉血、化痰止咳等作用，其醇提取物对革兰氏阳性菌有较好的抗菌作用。生姜发散风寒、下气止呕，大枣和胃养血，蜂蜜润燥止咳。本饮可起到祛寒宣肺、祛风止咳的作用。

2. 雪梨浆

原料：甜水大鸭梨 2~3 个。

做法：将梨去皮核切块，榨汁机打成浆汁，代茶饮。

功效：《本草纲目》认为梨能解热嗽、止渴、治风热、润肺凉心、消痰降火、解毒之功，雪梨浆不失为夏季解暑止渴生津的佳品，同时对呼吸系统疾病造成的干咳、咽干咽痛等症状有较好的缓解作用。

3. 金银花露

原料：金银花 30 克，蜂蜜适量。

做法：锅里放入约 1000 毫升水，煮开后加入金银花，文火煮 5 分钟后关火再焖 20 分钟，放凉后加入蜂蜜，代茶饮。

功效：金银花能清热解毒、疏散风热，蜂蜜润肺止咳，本饮品能消暑解毒，预防感冒、上火、咳嗽等症状，还能对诸如肺炎等各类炎症起到辅助治疗的作用，夏季饮用尤为适宜。

4. 川贝雪梨膏

原料：甜水大鸭梨 5~6 个，川贝 10 克，麦冬 20 克，陈皮 15 克，百合 20 克，冰糖适量。

做法：将梨去核切块，榨汁机打成浆汁，加入川贝、麦冬、陈皮、百合，沸腾后文火煮 40 分钟，滤去渣滓，加入冰糖继续熬至黏稠状。

功效：梨能润肺止咳、生津止渴，川贝能润肺化痰，止咳平喘，麦冬养阴润肺、益胃生津，百合能润肺止咳、清心除烦，陈皮化痰止咳。因此本品对于阴虚咳嗽的患者较为适宜。

5. 凉拌鱼腥草

原料：鲜鱼腥草 250 克～500 克，盐、糖、味精、酱油、醋、辣椒油适量。

做法：鲜鱼腥草洗净切段，盐渍 1 个小时，滤去水分，放糖、味精、酱油、醋、辣椒油，一同搅拌均匀。

功效：鲜鱼腥草能清热解毒，排脓消痈，对于有大量咳痰、喘咳、口吐脓沫的肺部感染患者较为适宜。

6. 凉拌萝卜丝

原料：鲜白萝卜 300 克，胡萝卜 100 克，生姜 50 克，盐、糖、味精、醋适量。

做法：将白萝卜、胡萝卜、生姜洗净切丝，放入沸水中焯烫后捞出，放盐、糖、味精、醋，一同搅拌均匀。

功效：萝卜能润肺化痰、下气消食，生姜能温肺止咳、暖胃散寒，本品对轻症的咳嗽咳痰的患者较为适宜。

7. 拌桔梗

原料：鲜桔梗 500 克，糖、盐、醋、香油、辣椒粉、白芝麻、葱、姜、蒜适量。

做法：桔梗去皮切丝，盐渍、清洗、焯水以去除苦味，放入糖、盐、醋、香油、辣椒油、白芝麻、葱、姜、蒜，混合搅拌均匀即可。

功效：桔梗能利咽宣肺、祛痰排脓，本品对于痰多咳嗽、咽喉肿痛的人较为适宜。

8. 罗汉果瘦猪肉汤

原料：鲜罗汉果半个（大罗汉果可仅用四分之一），陈皮 10 克，怀山药 20 克，猪瘦肉 300 克，生姜 3 片。

做法：猪肉块洗净焯水，将罗汉果、陈皮、怀山药洗净放锅内烧滚，然后下猪肉，再滚起改用文火煲约两小时即可。

功效：早在民国的《岭南采药录》就有记载："理痰火咳嗽，罗汉果和猪精肉煎汤服之。"罗汉果对改善咳嗽、哮喘等肺部疾病有着较好的作用，再加上山药能固精补脾养肺，陈皮能行气降逆化痰，此汤对常年遭受呼吸系统疾病困扰的患者较为适宜。

9. 罗汉果茶

原料：罗汉果一个，柿饼 3 个，蜂蜜适量。

做法：罗汉果洗净拍碎，和柿饼放入锅中煮沸，放凉后加入蜂蜜，当茶饮。

功效：本方出自《福建民间方》，罗汉果清热润肺，柿饼润肺健脾，常服能共同达到清肺、润肺、止咳的效果，尤其适用于小儿百日咳。但是风寒感冒咳嗽者不适宜引用本饮品。

10. 柠檬薄荷水

原料：柠檬 1 个，薄荷叶 10 片，蜂蜜适量。

做法：将薄荷放入 1000 毫升白开水中浸泡 1 个小时，柠檬洗净对半切开，挤出柠檬汁，去两头后切片，将柠檬汁、柠檬片倒入薄荷水中再浸泡半个小时，放入蜂蜜，当茶饮。夏季可加入冰块。

功效：薄荷疏风散热，抗炎镇痛；柠檬酸涩生津，且富含维生素 C，本饮品对于夏季风热感冒、咽喉肿痛、口舌生疮的患者较为适宜，但胃溃疡、胃酸分泌过多者不宜饮用。

11. 怀山药南瓜羹

原料：怀山药 50 克，南瓜 150 克，冰糖 50 克，糖桂花 15 克，枸杞6克。

做法：山药南瓜切丁备用，锅中放水加冰糖、山药丁、南瓜丁煮至熟软勾芡，放糖桂花、枸杞搅匀即可。

功效：山药补益肺、脾、肾，能生津养肺，南瓜能清热解毒，补益中气，桂花能温肺化饮，散寒止痛。本品可用于肺脾气虚之人日常保养。

12. 百合枇杷膏

原料：鲜百合250克，枇杷250克，柿饼1个，蜂蜜适量。

做法：百合分瓣洗净，枇杷洗净去核，柿饼切块，加水煮沸后文火焖炖30分钟，再加蜂蜜。

功效：百合能润肺止咳、清心除烦，枇杷能清肺止咳，柿饼能润肺化痰止咳，对于咳嗽、咯血，口干咽痛的人适宜久服。

13. 百合杏仁粥

原料：百合30克，去皮杏仁10克，粳米100克。

做法：将百合、去皮杏仁、粳米同置入锅中加水煮粥食用即可。

功效：百合养阴润肺，杏仁降气止咳，适用于肺阴亏虚之久咳不愈、干咳无痰、气喘虚烦、失眠者。

14. 百合款冬花饮

原料：百合30~60克，款冬花10~15克，冰糖适量。

做法：将上料同置砂锅中煮成糖水。

功效：款冬花能止咳、祛痰、平喘，百合能补益肺阴，本品适用于慢性支气管炎、支气管哮喘（缓解期）、秋冬咳嗽、咽喉干痛、久咳不愈者。

竹菊百合饮

原料：杭白菊、淡竹叶、沙棘、百合、雪梨、罗汉果

中医认为肺为娇脏，不耐寒热，易受邪侵，因此对于增强呼吸系统功能，需要运用轻灵之品，清凉濡润之。淡竹叶清凉解热，消痰止渴，除上焦火，治疗咳嗽气喘尤宜，杭白菊通肺气，止咳逆，疗肌热，入气分，能清热解毒，清三焦郁火，梨生津润燥，清热化痰，消风痰，疗咳嗽，治气喘热狂。罗汉果清热止咳，凉血润燥，百合能止咳生津，清痰火，补虚损，治肺热咳嗽、干咳久咳、肺痿肺痈。本方诸药合用能起到清热去火、润肺止咳的作用，有治疗肺热咳嗽，干咳久咳，热病后虚热，烦躁不安的作用，为上佳之品。

参考文献：

［1］刘岩，刘志洋．罗汉果水提液对于急性咽炎模型大鼠的治疗作用［J］．中国实验方剂学杂志，2014，20（19）：159-162.

［2］陈瑶，贾恩礼．罗汉果化学成分和药理作用的研究进展［J］．解放军药学学报，2011，27（2）：171-174.

［3］Zhou L, Xie W S. Studies on chemical constituents and anti-microbial activity of mentha arvensis oil of Yunnan［J］．Flavour Fragrance Cosmetics，2011（5）：1-3.

［4］沈梅芳，李小萌，单琪媛．薄荷化学成分与药理作用研究新进展［J］．中华中医药学刊，2012，30（7）：1484-1487.

［5］孔秀娟，于然，刘建兴，张莹，胡秋萍，劳梓钊，赖小平，李耿．余甘子总黄酮提取物对H1N1流感病毒感染小鼠肺炎的影响［J］．中医药导报，2016，22（5）：64-71.

［6］王婷婷．百合和梨的化学成分与活性研究［D］．天津大学硕士学位论文，2015.

［7］李艳，苗明三. 百合的化学、药理与临床应用分析［J］. 中医学报，2015，30（7）：1021-1023.

［8］乌英. 库尔勒香梨化学成分及粗多糖生物活性初步研究［D］. 新疆医科大学硕士学位论文，2015.

［9］杨仕军，祖承哲，赵欣. 不同品种川贝母对小鼠复发性哮喘的疗效比较［J］. 中草药，2013，44（15）：2124-2129.

［10］宋晓勇，刘强，杨磊等. 蒲公英多糖提取工艺及抗菌活性研究［J］. 中国药房，2010，21（47）：4453-4456.

［11］于新慧，石学魁，张晓莉等. 蒲公英对小鼠免疫功能的调节作用［J］. 中国医药导刊，2008，10（6）：920-921.

［12］Wang Qing，Zhu Xuan-xuan，Zhang Chi-bing，et al. Experimental study on honeysuckle extract against bacteria［J］. Chin J Med Guide，2008，10（9）：1428.

［13］Hu Ke-jie，Wang Yue-hong and Wang Dong. The inhibited effect of chlorogenic acid from the honeysuckle on virus in vitro［J］. Inf Tradit Chin Med，2010，27（3）：27.

［14］雷玲，李兴平，白筱璐等. 金银花抗内毒素、解热、抗炎作用研究［J］. 中药药理与临床，2012，28（1）：115-117.

［15］Liu G，Xiang H，Zhang K，et al. Transcriptional and Functional Analysis Shows Sodium Houttuyfonate-Mediated Inhibition of Autolysis in Staphylococcus aureus［J］. Molecules，2011，16（10）：8848-8865.

［16］Li W，Niu X，Zhou P，et al. A combined peritoneal macrophage / cell membrane chromatography and offline GC-MS method for screening anti-inflammatory components from Chinese traditional medicine houttuynia cordata Thunb［J］. Chromatographia，2011，73（7/8）：673-680.

［17］Choi J H，Hwang Y P，Lee H S，et al. Inhibitory effect of platycodi radix on ovalbumin－induced airway inflammation in a murine model of asthma ［J］. Food Chem Toxicol，2009，47（6）：1272-1279.

［18］Yoon Y D，Kang J S，Han S B，et al. Activation of mitogen－activated-protein kinases and AP－1 by polysaccharide isolated from the radix of platycodon grandiflorum in RAW 264.7 cells ［J］. Int Immunopharmacol，2004，4（12）：1477-1487.

［19］周贤梅，赵阳，何翠翠等. 陈皮挥发油对大鼠肺纤维化的干预作用［J］. 中西医结合学报，2012，10（2）：200-209.

［20］周晓辉，王瑱，邱立娟等. 银杏白果提取物抗氧化及抗菌研究［J］. 时珍国医国药，2018，29（3）：577-580.

［21］唐小葵，倪小毅，王健等. 白果内酯治疗大鼠卡氏肺孢子虫肺炎后的形态学变化 ［J］. 重庆医科大学学报，2007，32（3）：243-247.

辅助增强心血管系统功能的食养方案

毋庸置疑，空气污染会损害呼吸系统。近年来，大量的动物学试验、临床研究及流行病学数据发现，空气污染与心血管病死亡率也存在因果关联。这是因为，很多细小的空气污染物可通过肺泡进入血液循环。此时，入血的各类有毒物质，会对心血管系统造成一定的影响，导致心脏、大血管，以及微小血管的损害。

第一节 空气污染对人体心血管系统的影响

空气污染物中的成分极其复杂多样。2010 年美国心脏协会（AHA）发布了《大气污染与心血管疾病》的科学声明，明确指出PM$_{2.5}$ 是心血管事件的一个可控危险因素。二氧化硫（SO$_2$）、臭氧

（O_3）具有较强的氧化损伤作用，氮氧化合物（NO_X）可形成亚硝酸，与血红蛋白结合生成高铁血红蛋白引起缺氧等[1]。空气颗粒物中的重金属离子，如镉、铅、汞、砷等，以及非金属物质，如黑炭、苯、多环芳烃等，能够吸附在不同粒径的颗粒物上，通过呼吸进入机体后，能直接损伤血管内膜，从而使血管内膜加厚，导致血管狭窄，血压增高等，并加大引发血栓的可能。另外，它们还能刺激纤维蛋白原增生，从而引起血液凝集、血栓形成以及血液黏度增加，血管状况变差，改变心脏自主神经功能，最终导致心血管疾病的发生。

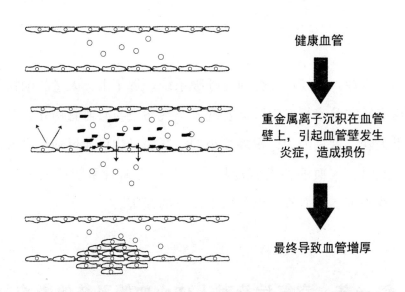

健康血管

重金属离子沉积在血管壁上，引起血管壁发生炎症，造成损伤

最终导致血管增厚

图 9.1　污染的空气中的重金属等，沉积在血管壁上，使血管壁发生炎症，造成血管内皮损伤、增厚，最终加速血管的堵塞

其实，这些对于人体健康的负面影响并不会在吸入的当时立即显效，研究发现，空气中金属浓度的差异会对人体健康造成不同天数的显著滞后影响——金属浓度每上升一个四分位间距，铜可使滞后 4 天

的心血管疾病死亡风险增加 8.53%；铁分别使滞后 2 天和 5 天的非意外事件、呼吸系统和心血管疾病死亡风险增加 4.34% 和 17.23%；钛可使滞后 2 天和 6 天的非意外事件、心血管和呼吸系统疾病死亡风险增加 5.14% 和 14.24%；砷可使滞后 2 天的心血管疾病死亡风险增加 4.78%；钾使滞后 1~2 天的呼吸系统和心血管疾病死亡风险增加 5.93% 和 13.79%[2]。换言之，空气中金属污染物会对人体心血管系统产生不良影响，并增加死亡的风险和概率，而金属浓度越高对人体的危害也越大。

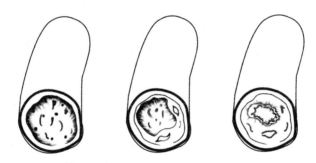

图9.2 空气中污染物入血后，导致各类氧化脂质（如低密度脂蛋白等）的升高，加速动脉粥样硬化

可见，空气中的污染物对既往有心血管慢性疾患的老年人来说非常不利，可导致动脉粥状硬化疾病发生率增加，造成冠心症和心肌梗死，甚至引起心源性猝死，因此老年人更需要预防空气污染，防止相关疾病的发生。同样，普通大众也需要提前防备，做到未病先防。对于每个人来说，这种伤害当时虽然不显著，但日积月累就会导致心血管系统的机能越来越差，显著增加普通居民人群的患病风险。因此，从预防的角度来看，利用药食同源的食物帮助身体清除空气中的污染物，对于恢复血管的弹性和内皮结构，改善血液高黏状态，助益颇多。

此时，通过日常服用一些药食同源的植物，能扩张外周血管，改善微循环，如桂枝、薄荷、荆芥等辛温解表的中药。此外，这些传统中药还可通过调节自律神经系统使血管膨胀或者收缩，调节血压，或通过刺激心脏、收缩血管、升高血压，起到调节心血管活性的作用，并能有效修复血管内皮结构的损伤[3]。另外，一些降脂的中药可以降低动脉粥样硬化血脂升高的概率，改善高黏血症状态的血液流变性，降低心肌组织损伤，对心血管有明显的保护作用[4]。

第二节　辅助增强心血管系统功能的常见食物

1. 淡竹叶

淡竹叶，又名竹叶门冬青、碎骨子、山鸡米、金鸡米、迷身草等，为禾本科植物淡竹叶的茎叶。我国淡竹叶野生资源丰富，野生于山坡林下或沟边阴湿处。其性甘、淡，寒。《中药大辞典》记载其能清心火，除烦热，利小便。治热病口渴，心烦，小便赤涩，淋浊，口糜舌疮，牙龈肿痛。淡竹叶中含有大量的黄酮类、三萜类、多糖、内酯、有机酸、氨基酸、维生素和微量元素等成分，具有解热镇痛、保护心血管、抑菌、抗氧化、利尿、防止肝损伤等作用。

动物实验证明了淡竹叶总黄酮可抑制心肌组织中乳酸脱氢酶（LDH）及肌酸激酶（CK）的漏出，对心肌损伤有保护作用[5]。从现代医学的角度，肯定了淡竹叶在保护心脑血管方面的成效。

2. 红茶

茶是一种起源于中国的由茶树植物叶或芽制作的著名保健饮品，现已流行于世界各地。据考证，蒙顶山是我国历史上有文字记载人工种植茶叶最早的地方。茶一般分绿茶、红茶、花茶三大类，而红茶在世界范围内的消费量占到了所有茶叶的八成，可见红茶受欢迎的程度。中医认为红茶品性温和，味道醇厚，具有暖胃养生、提神益思、消除疲劳、消除水肿、止泻、抗菌、增强免疫等功效。红茶属全发酵茶，在发酵过程中，儿茶素在酶促作用下氧化结合生成茶色素，使得冲泡之后的茶汤呈红色，故称红茶。而茶色素是茶多酚类物质及其氧化产物的混合物，包括茶黄素、茶红素及茶褐素等三类物质，是近年来国际上对红茶成分研究的热点。

红茶中的茶黄素、茶红素，能降低人体血浆中的血糖、甘油三酯以及尿酸的浓度和 C- 反应蛋白的含量，增加血浆中的高密度脂蛋白和抗氧化剂浓度，进而有利于降低患心血管疾病的风险[6]，此外，动物实验证实，红茶还能通过胃肠道中影响肠道感受器，抑制脂质和蛋白质的吸收，从而抑制因高脂或高蔗糖导致的大鼠脂肪肝增长和血脂异常[7]，从而达到减轻体重，预防肥胖的效果。

3. 菊花

菊花为菊科植物菊的头状花序，作为重要的药食两用植物，菊花茶、菊花酒是我国常见的饮品，菊花糕点也是金秋时节不可或缺的小吃。中医认为其性甘、苦，微寒。《中国药典》记载菊花能"散风清热，平肝明目。用于风热感冒，头痛眩晕，目赤肿痛，眼目昏花"。

现代研究证实菊花中主要含有黄酮、萜类及有机酸等化学成分，具有广谱抗菌、抗病毒、抗炎、解热、保护心脏、降压、抑制血小板聚集、增强免疫、清除氧自由基、抗肿瘤等作用,菊花提取物能通过抑制炎症因子、调节氧化应激水平,以及调节细胞间黏附分子和血管舒缩因子,从而改善血管内皮细胞损伤[8]。

4. 纳豆

纳豆是一种传统的大豆发酵食品,在日本具有 2000 多年的历史,也有专家认为其雏形起源于中国的豆豉。目前纳豆在国内也开始慢慢兴起,成为了一种新贵食物。纳豆中含有的蛋白酶、多种维生素以及纳豆激酶、异黄酮、超氧化歧化酶等活性物质致使纳豆具有溶血栓、抗肿瘤、降血压、防止骨质疏松、提高肝功能、促凝血等药理作用,被日本人公认为长寿的"秘方"。

有研究表明,纳豆中纳豆激酶在人体保健方面具有强大的功效。一方面,纳豆激酶可改善动脉粥样硬化的血脂水平和血液流变学,对动脉粥样硬化具有防治作用[9];另一方面,纳豆激酶能减少斑块的形成,并且有降低血清甘油三酯和升高血清高密度脂蛋白的作用;此外,纳豆激酶具有降低体重的作用并且对小肠具有保护作用[10]。可见纳豆具有广阔的养生保健运用前景。

5. 板栗

板栗为壳斗科植物栗的种仁,是我国的特产植物和传统的农副产品,也是重要的干果之一,其性温、味甘。《中医大辞典》认为,板栗能养胃健脾、补肾强筋、活血止血。用于治疗反胃,泄泻,腰脚软弱,吐、衄、便血,金疮、折伤肿痛,瘰疬。板栗富含淀粉、可溶性糖、粗纤维、氨基酸、蛋白质、脂肪酸、维生素、胡萝卜素及微量元素等多种营养成分,对高血压、冠心病和动脉硬化等疾病有较好的预防和治疗作用。

现代医学通过动物实验证明，板栗中的板栗多糖能显著延长动脉血栓模型小鼠的出血时间和凝血时间，降低血小板聚集，抑制动脉血栓形成，具有抗血小板和抗凝血的功能[11]。因此，容易出现心脑血管阻塞的中老年人应该多多食用板栗。

6. 猕猴桃

猕猴桃为猕猴桃科猕猴桃属植物的果实，它的维生素 C 含量高达 100g/100kg～420g/100kg，比柑橘、苹果等水果高几倍甚至几十倍，有"水果之王"的美誉。中医认为其性酸、甘，寒。《中药大词典》记载其能"解热，止渴，通淋。治烦热，消渴，黄疸，石淋，痔疮"。猕猴桃含有大量生物活性物质，其中主要为亚麻酸、谷胱甘肽、多酚类化合物、萜类化合物及多糖类。猕猴桃所含抗坏血酸及其代谢生成物抗坏血酸酯有降低血和肝中脂质的作用，临床报道猕猴桃果汁能降低胆固醇、甘油三酸和 β 脂蛋白，能降低血脂和使血红蛋白上升，用于防治高脂蛋白血症、动脉粥样硬化、心血管疾病等。

此外，猕猴桃中的正己烷、氯仿、正丁醇提取物均具有明显的抗心肌缺血作用，能够降低心肌缺血模型大鼠的心肌梗死范围，增加冠脉血流量，降低心肌细胞的心率和心肌收缩力，从而降低心肌耗氧量，减少心肌缺血的发生[12]。

7. 肉桂

肉桂为樟科植物肉桂的干燥树皮，也是著名的辛香食用调料的来源之一。肉桂是目前世界上消费极广的一种香辛料，始载于《神农本草经》，被列为上品，称其"味辛温，主百病，养精神，和颜色，利关节，补中益气。为诸药先聘通使，久服通神，轻身不老。面生光华，眉好常如童子"。现代医学经过研究，发现肉桂具有多种药理作用，主要表现在抗胃溃疡、抗炎、抗菌、抗肿瘤、预防糖尿病以及镇静、解痉、解热等方面的作用。

现代药理学研究表明，肉桂能够增加冠脉血流量，改善冠脉循环和心肌营养状况，故常用于冠心病、心律失常、风心病等心血管疾病的预防与治疗。因为肉桂挥发油中的主要成分为肉桂醛、肉桂酸，这两种物质均能够减少一氧化氮的生成、抗炎、抗氧化的活性，保护伴发缺血性心肌损伤[13]。另外，肉桂提取物对心血管的保护作用研究较多的是一种木脂素类化合物，能够抑制血栓素受体介导的血管平滑肌细胞的增殖，对预防血管疾病和治疗动脉粥样硬化具有潜在作用[14]。

8. 黑芝麻

黑芝麻，又称胡麻、油麻、巨胜子、脂麻，为脂麻科（胡麻科）脂麻属植物脂的干燥成熟种子，早在汉朝的《神农本草经》就有黑芝麻的记载："主伤中虚羸，补五内，益气力，长肌肉，填脑髓。"

黑芝麻在古代常作为预防衰老的保健食品服用，且能压榨成黑芝麻油用作烹饪油使用。中医认为其性甘、平，《中国药典》记载其能补肝肾，益精血，润肠燥。用于治疗头晕眼花，耳鸣耳聋，须发早白，病后脱发，肠燥便秘。现代研究表明，黑芝麻具有强抗氧化性能、调节脂质代谢、降低胆固醇、保护肝脏、降低血压、抗癌等功能。

说起黑芝麻为什么对于心血管具有保护作用，就必须要提及黑芝麻中所富含的不饱和脂肪酸、芝麻素、芝麻林素、芝麻酚、维生素 E 等成分，这些有益成分能够有效降低血糖血脂、改善主动脉内皮功能，抑制主动脉血管细胞黏附分子表达，减轻血管病理损伤，预防和减轻动脉粥样硬化的发生和发展[15]，甚至能降低低密度脂蛋白胆固醇进而降低总胆固醇[16]。这些保健功能，都已经被现代医学实验所证实。

9. 荷叶

荷叶，又名莲叶、藕叶，为睡莲科植物莲的叶片。荷叶在我国种植广泛，自古就是一种药食两用的减肥降脂天然植物，《本草纲目》中有"荷叶服之，令人瘦劣"的记载，古人多用荷叶做茶、荷叶蒸鸡等。荷叶其性苦、平，《中药大辞典》记载其能清暑利湿，升发滑阳，止血。临床上，荷叶经常被用于治疗暑湿泄泻、眩晕，水气浮肿，雷头风，吐血，衄血，崩漏，便血，产后血晕。

现代研究表明荷叶主要成分包括生物碱类、黄酮类、三萜类、类固醇、多酚类、挥发油等物质，具有调脂减肥、抗氧化、抑菌、降压和保护血管内皮等的功能。

离体实验发现，荷叶水提物可明显促进离体脂肪组织中游离脂肪酸（FFA）的释放，且可使实验性肥胖大鼠体重、血脂水平明显下降，使脂肪组织 PPAR-γ 和瘦素的表达明显下降，从而促进脂肪动员，具有一定的减肥降脂作用[17]。

第三节　辅助增强心血管系统功能的药膳配方

1. 山楂荷叶粥

原料：荷叶 30 克（鲜品可加倍），山楂 30 克（鲜品亦可加倍），粳米 100 克，冰糖适量。

做法：干荷叶、山楂洗净，先浸泡 2 个小时，后将浸泡的水同荷叶、山楂煎汤去滓，同粳米煮粥，加冰糖适量。

功效：荷叶辛凉，山楂酸甘，二者皆有活血祛瘀，降压降脂的功效，适合"三高"人群长期服用。

2. 党参参麦饮

原料：党参 20 克，麦冬 20 克，五味子 20 克，冰糖适量。

做法：将前三味洗净，先浸泡 2 个小时，后将浸泡的水同药煎汤倒出后，继续加水再煎两次，去滓，加入冰糖，代茶饮。

功效：此三味药合用能够调节血压，固脱生津，益气止汗，补气健脾，培补元气。

3. 玉米粥

原料：玉米须 200 克，玉米 50 克，荷叶 30 克，粳米 100 克，冰糖适量。

做法：玉米须洗净煎汤后，放入荷叶、玉米和粳米做粥服用。

功效：玉米具有良好的促进血液循环，降低人体血液胆固醇含量的作用，荷叶能升发阳气，散瘀血，消浊毒，二者合用能预防高血压和冠心病，有助于减轻动脉硬化和脑功能衰退。

4. 双耳粥

原料：黑木耳 15 克，银耳 15 克，冰糖适量。

做法：将木耳、银耳温水泡胀，加入水和冰糖后在锅中小火煨至烂熟。

功效：黑木耳能益气活血，银耳能和血滋阴，而且两者有对血管内膜的保护作用。

5. 桃花酒

原料：桃花 200 克，桃仁 100 克，黄菊花 100 克，米酒 5000 克。

做法：将桃花、桃仁、菊花切碎，泡入盛酒的容器中，浸泡 10

天即可。

功效：桃花、桃仁都能活血化瘀，菊花能化湿泻浊，米酒还有温通经脉的作用。对于痰浊瘀血阻滞经脉效果较好。

竹叶清茶饮

原料：绿茶、荷叶、决明子、淡竹叶、佛手

中医认为心脑血管疾病主要是体内湿浊之邪堆积于各处经脉而成，日久则会阻塞经脉令其血气不通。因此在前期需要选择化湿排浊的中药组方，到了后期则需酌情添加行气活血化瘀之品。本方是化湿排浊的代表性饮品。草决明清肝利水，治头昏眩，现代研究表明，生草决明能软化血管，降低血中胆固醇和甘油三酯，同时还有润肠通便之效，且有治疗和缓解高血压症状之功效。淡竹叶化湿排浊，通利小便，荷叶能清金固水，解暑利湿，运化湿浊，此二叶为现代中医治疗心脑血管疾病常用之药。另加佛手行气化瘀，解决湿浊瘀滞后出现的胃脘痞满，不思饮食等症状，同样具有促进草决明软化血管之效。本方对于"三高"人群较为适宜。

参考文献：

[1] 苏晓晨，陈朝婷，姚凯魏，张益丰，杨晓晨，兰春杰，王红宇. 空气污染致心血管系统损伤的研究进展 [J]. 临床医学进展，2018，8（9）：807-812.

[2] 何骁生. 空气污染物及其组分与心肺疾病死亡、冠心病发生的流行病学研究 [D]. 华中科技大学博士学位论文，2014.

[3] 李鑫飞，桑晓宇，周继栋，李伟，赵启韬. 中药保护内皮祖细胞的有效成分及作用机制 [J]. 药物评价研究，2019，42（5）：1010-1013.

［4］刘向敏. 活血化瘀治疗高黏血症临床疗效分析［J］. 中西医结合心脑血管病杂志, 2009, 7（3）: 349-350.

［5］邵莹. 淡竹叶品质评价及心血管药理作用研究［D］. 南京中医药大学硕士学位论文, 2012.

［6］Wang Z M, Zhou B, Wang Y S, et al. Black and green teaconsumption and the risk of coronary artery disease: Ameta-analysis［J］. The American Journal of Clinical Nutrition, 2011, 93（3）: 506-515.

［7］Uchiyama S, Taniguchi Y, Saka A, et al. Prevention of diet-induced obesity by dietary black tea polyphenols extractin vitro and in vivo［J］. Nutrition, 2011, 27（3）: 287-292.

［8］徐瑞豪, 樊慧, 张莉等. 怀菊花中咖啡酰基奎宁酸类化合物通过调节ERK/MAPK 信号通路改善 LPS 诱导的 HUVEC 血管内皮细胞损伤［J/OL］. 药学学报, ［2019-05-17］. https: //doi. org/10. 16438/j. 0513-4870. 2018-1060.

［9］孟繁宇, 薛菲, 施慧. 纳豆激酶对动脉粥样硬化模型大鼠血脂及血液流变学影响［J］. 中国实验诊断学, 2013, 17（9）: 1567-1569.

［10］程慧敏. 纳豆激酶对 ApoE~（-/-）小鼠动脉粥样硬化的调节作用［A］//中国营养学会营养与保健食品分会,韩国食品科学会. 第十三届全国营养与保健食品科学大会暨第七届中韩植物营养素国际学术研讨会会议论文汇编［C］. 2017: 1.

［11］Felixsson Emma, Persson Ingrid A-L, Eriksson Andreas C and Persson Karin. Horse chestnut extract contracts bovine vessels and affects human platelet aggregation through 5-HT（2A）receptors: An in vitro study［J］. Phytotherapy Research, 2010, 24（9）.

［12］张欣. 狗枣猕猴桃叶总黄酮（TFAK）对大鼠急性心肌梗死的保护作用及机制研究［D］. 吉林大学硕士学位论文, 2009.

［13］方琴. 肉桂的研究进展［J］. 中药新药与临床药理，2007，18（3）：249-252.

［14］梁晓艳. 肉桂的药理作用研究概况［J］. 现代医药卫生，2013，29（10）：1501-1503.

［15］陈平，邓承颖. 中药黑芝麻的研究概况及其应用［J］. 现代医药卫生，2014，30（4）：541-543.

［16］关立克，张锦玉，邢程. 黑芝麻油对动脉粥样硬化兔血脂和主动脉形态学的影响［J］. 时珍国医国药，2007，18（2）：350-351.

［17］李毛毛，黄鑫源，梁乾坤等. 荷叶水提物对实验性肥胖大鼠脂代谢的影响及机制［J］. 中国应用生理学杂志，2017，33（5）：476-480.

辅助增强肝胆系统功能的食养方案

　　肝脏是机体代谢的最主要场所，对于维持机体生命活动具有重要的作用。肝脏不仅参与物质和能量代谢，也参与生物解毒、生物合成等过程。可以说，肝脏是人体非常重要的"垃圾处理厂"。但是，如果空气中的有毒物质入血明显增多，肝脏长期居住在"脏乱差"的环境中，使其过度疲劳，甚至得不到休息，那么肝脏也会成为在雾霾天气下，机体最容易遭受到损伤的脏器之一。

第一节　空气污染对人体肝胆系统的影响

　　空气中的有毒气体、废沫、重金属等物质被肺内毛细血管吸入，经血液带到全身各处后，最终这些"垃圾"都会被运送到肝脏等待集中处理，在肝脏内进行毒素的降解。首先，$PM_{2.5}$ 对肝脏有着直接的损害。当这些细小的微粒物进入血液，流经肝脏后，其引发的炎症反应通过激活转化生长因子 β（TGFβ）的信号传导，诱导肝细胞脂质堆积和肝细胞氧化应激，促进肝脏中的纤维沉积，从而引发肝纤维化和非酒精性脂肪肝[1]。其次，当体内累积的毒素超过了肝脏降解所能承受的极限时，人体就会表现出各种肝损伤的症状[2]。最后，空气污染物中的氯乙烯是一类致癌物，高浓度的氯乙烯对肝癌的发生会起到一定的作用。

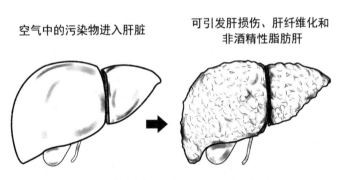

空气中的污染物进入肝脏　　可引发肝损伤、肝纤维化和
非酒精性脂肪肝

**图 10.1　空气中的污染物随着血液进入肝脏，日久可能引发和加重
肝损伤、肝纤维化和非酒精性脂肪肝等疾病**

目前对肝脏纤维化、肝损伤的治疗大多采用休息、调节饮食、补充维生素、服用保肝药物等方式。常言道"是药三分毒"，肝脏作为主要排毒的器官，肝损伤严重的患者如果再通过化学药物治疗，往往会加重肝脏负担。天然药物治疗肝损伤相关疾病的实验和临床研究成果颇多，展示了广阔的应用前景。目前已有多种天然食物和药物在临床上显示出具有显著保肝作用，且具有疗效稳定、副作用低、多途径作用、作用温和持久等优势，并被广泛用于肝脏疾病的防治。随着近

年来天然药物提取、分离和检测方法的不断进步，医学界对天然食物及药材中具有保肝作用的有效成分（包括黄酮、生物碱、多糖和萜类等）及保肝作用机制展开了深入广泛的研究。

第二节　辅助增强人体肝胆系统功能的常见食物

1. 葛根

葛根，又名葛藤、粉葛、甘葛等，为豆科植物野葛或甘葛藤的干燥根。其性甘，辛、平，《中药大辞典》记载其能升阳解肌，透疹止泻，除烦止温。临床上用于治疗伤寒、温热头痛项强，烦热消渴，泄泻，痢疾，瘢疹不透，高血压，心绞痛，耳聋。

葛根可以直接吃，也可以煲汤，其磨成的粉被称为"长寿粉"风靡日本。在古代葛根一直作为解酒的"神器"，如唐代孙思邈《千金方》记载，"葛根汁一斗二升，饮之治酒醉不醒"，更著名的莫过于经过配伍制成的葛花解醒（酒）汤。

葛根中富含的大豆苷能有效分解乙醇，减轻乙醇对肠胃的刺激。现代动物实验表明，葛根水提液有显著的抗慢性酒精性肝损伤的作用[3]，葛根素对急性酒精中毒导致的肝损伤有保护性调控作用，葛根素的剂量更与解酒效果呈现出良好的正性相关[4]。因此，葛根也常作为解酒护肝保健食品的一种重要原材料而出现。

2. 枸杞

枸杞，又名甜菜子、地骨子、枸地芽子等，为茄科枸杞属宁夏枸杞的干燥果实，是常用滋补类中药材，也是药食同源的植物，药用记载始见于《神农本草经》，列为上品，被历版《中国药典》收载。枸杞其性甘、平，《中药大辞典》记载其能滋肾，润肺，补肝，明目。临床上多用于治疗肝肾阴亏，腰膝酸软，头晕，目眩，目昏多泪，虚劳咳嗽，消渴，遗精。现代医学研究证实，枸杞含有丰富的多糖、甜菜碱、抗坏血酸、尼克酸及钙、磷、铁、锌等元素，具有补肾养肝、润肺明目、增强免疫力、防衰老、抗肿瘤、抗氧化、抗疲劳及协同防癌等多方面的药理作用。

动物实验证实，枸杞多糖对小鼠急性肝损伤有明显的保护作用，急性肝损伤所引起的丙二醛（MDA）含量、肝脏指数、谷丙转氨酶（ALT）、谷草转氨酶（AST）活性的升高，从而减轻肝脏细胞损伤；有效地提高肝脏中谷胱甘肽（GSH）的含量，从而提高清除肝脏内氧化自由基的能力，减轻小鼠的肝组织损伤程度[5]。

3. 当归

当归，又名干归、云归、马尾归等，为伞形科植物当归的干燥根，其味辛香，经常作为煲汤的辅助材料使用。当归有"妇科血病圣药"之称，中医认为其性甘、辛，温。《中国药典》记载其能补血活血，调经止痛，润肠通便。用于血虚萎黄，眩晕心悸，月经不调，经闭痛经，虚寒腹痛，肠燥便秘，风湿痹痛，跌扑损伤，痈疽疮疡。

动物实验证实，当归可使小鼠肝组织病理损伤明显减轻，提高肝组织细胞的抗氧化能力，抑制细胞凋亡，促进组织细胞损伤修复，对肝损伤具有一定的保护作用[6]。另外，小鼠腹腔注射当归还能在11天左右的时间使得酒精造成肝损伤的肝小叶完全修复正常，当归多糖可通过提高抗氧化酶活性，清除氧自由基，减轻膜脂质过氧化链式反应，继而使肝细胞的生物膜结构恢复，从而对肝细胞起到保护作用[7]。

4. 柠檬

柠檬，别称黎朦子、里木子、宜母子、梨橡干等，是芸香科柑橘属植物柠檬 Citrus limonia Osbeck 的果实，其性酸、甘、平，《中药大辞典》记载其能生津，止渴，祛暑，安胎。临床用于咽痛口干，胃脘胀气，高血压，心肌梗死，不思饮食。因其味道极酸，多榨汁来做菜、调味。

现代医学证实了柠檬中的柠檬苦素可明显激发肝细胞中谷胱苷酰转移酶的活性，从而帮助肝脏解毒[8]。此外，柠檬中含量非常丰富的圣草次苷，近年来也被发现其既能使肝脏细胞内脂肪蓄积得到抑制，还能激活线粒体制造能量，加速细胞新陈代谢，从而减少肝脏中的脂肪，降低血脂，预防脂肪肝。

5. 山楂

山楂，又名杌子、酸查、棠梂子、山里红果等，为蔷薇科植物山里红或山楂的成熟果实，作冰糖葫芦、山楂片、果丹皮等零食食用。酸甘，微温。《中药大辞典》记载其能消食积，散瘀血，驱绦虫，治肉积，症瘕，痰饮，痞满，吞酸，泻痢，肠风，腰痛，疝气产后儿枕痛，恶露不尽，小儿乳食停滞。消食健胃，行气散瘀。多被用于肉食积滞、胃脘胀满、泻痢腹痛、瘀血经闭、产后瘀阻、心腹刺痛、疝气疼痛、高脂血症。

现代医学在动物实验过程中发现，山楂酸对急性肝损伤的病理改变有一定的改善作用，它能够降低肝脏细胞内的炎症反应[9]，而山楂总黄酮同样能显著降低肝损伤大鼠的肝脏指数，缓解肝肿大，减轻肝损伤的病变程度，缓解肝细胞内发生的炎症反应[10]。

6. 女贞子

女贞子是木樨科女贞属植物女贞（Ligustrum Lueidum Ait）的果实，其性甘、苦、凉。《中药大辞典》记载其能补肝肾，强腰膝。治阴虚内热，头晕，目花，耳鸣，腰膝酸软，须发早白。滋补肝肾，明目乌发，多被用于眩晕耳鸣，腰膝酸软、须发早白、目暗不明。

现代医学在进行动物实验时发现，女贞子多糖能不同程度改善肝组织充血、水肿、脂肪变性、炎症反应等病理变化。提示女贞子多糖对肝损伤有显著防护作用[11]。

7. 白芍

白芍，又名芍药，为毛茛科植物芍药的干燥根。中医认为其味酸，性凉。《中药大辞典》记载其能养血柔肝，缓中止痛，敛阴收汗。中医临床上多用于治疗胸腹胁肋疼痛，泻痢腹痛，自汗盗汗，阴虚发热，月经不调，崩漏，带下。白芍含有芍药苷、羟基芍药苷、芍药花苷、芍药内酯苷、苯甲酰芍药苷等生理活性的成分，具有抑制自身免疫反应、抗炎、止痛、保肝等多种药理作用。

白芍在动物实验中显示出了对急性化学性肝损伤具有较好的保护作用。白芍总苷能显著降低血清中谷丙转氨酶（ALT）、谷草转氨酶（AST）水平；显著降低丙二醛（MDA）含量；显著提高超氧化物歧化酶（SOD）、谷胱甘肽过氧化物酶（GSH-Px）的活性，同时对肝损伤有显著防护作用[12]。

第三节　辅助增强人体肝胆系统功能的药膳配方

1. 虎杖茶

原料：虎杖 15 克，茵陈 15 克。

做法：水煎或是开水冲泡，代茶饮。

功效：虎杖和茵陈都能清热利湿，利胆退黄，两者相配，能促进胆汁分泌，降低血清转氨酶，轻度逆转肝细胞病变，促进肝细胞再生作用，对于有湿热表现的肝胆系统疾病有着较好的效果。

2. 猪肝炒萝卜

原料：猪肝 500 克，白萝卜 200 克，胡萝卜 200 克，油、盐、葱、味精适量。

做法：猪肝、萝卜洗净切片，放油烧热，先炒萝卜片，盛出来再炒猪肝，然后将萝卜放入与猪肝一起再翻炒 3 分钟，加入大葱、盐、味精，翻炒 2 分钟后出锅。

功效：中国应用猪肝治病历史悠久，首先中医讲究以形补形，猪肝可补肝养血，祛肝风，明目；其次猪肝中还有丰富的铁与维生素，胡萝卜既可做菜又能作果，生熟皆可服食，胡萝卜含有丰富的胡萝卜素，有安五脏、补中下气、利肠胃的功能，所以猪肝和胡萝卜相配，对肝血虚的病人有较好的效果。

3. 枸杞山楂粥

原料：枸杞 50 克，山楂 50 克，粳米 300 克，冰糖适量。

做法：枸杞、山楂泡发，加粳米、水 1500 毫升左右，武火烧开，文火炖半小时，放冰糖适量。

功效：枸杞、山楂都含有丰富的甜菜碱，起到甲基供应体的作用，能抑制脂肪在肝细胞内沉积、促进肝细胞新生。即是中医所说的有补益肝气的功效，对于高血脂导致的脂肪肝有较好的效果。

松花葛根方

原料：松花粉、葛根、余甘子

松花伴侣是从清热解毒，活血生津，养肝护肝功效的配伍关系进行组方，具有养肝保肝、清肝、解酒毒的作用。松花粉具有较高的营养价值，是我国传统的食药佳品，如松花糕、松花酒等。松花粉含有丰富的蛋白质、微量元素、黄酮及必需脂肪酸等营养成分，具有抗衰老、调整机体代谢等保健功效。医学专著《神农本草》记载，葛根具有解肌退热、生津、透疹、升阳止泻之功效。葛根素是葛根的重要有效活性成分，有抗交感样作用，钙拮抗作用及广泛的 β 受体阻滞作用，可显著扩张冠状动脉和脑血管，具有降低血糖、保护脑神经及治疗骨质疏松等多种活性，广泛应用于临床。据《本草纲目》记载，余甘子"久服能轻身，延年生长"，余甘子作为一味传统的民族药，已被《中国药典》收载，具有降脂减肥、抗动脉粥样硬化、抗氧化、抗肿瘤、抗炎、降压等多种药理活性。

金佛苏柑粉

原料：橘皮、佛手、代代花、玫瑰花、薄荷、紫苏

中医认为肝胆疾病除了肝胆本身的问题之外，还会影响到脾胃出

现各类症状，因此服用疏肝利胆的药物时，脾胃疾病也会得到缓解。本方即为疏肝解郁，理气健脾的良方。橘皮乃肝胆通气之药也，故凡肝气不舒，克贼脾土之病，皆能用之。佛手治气舒肝，和胃化痰，现代常用于治疗传染性肝炎。玫瑰花、代代花二花食之芳香甘美，令人神爽，且能舒肝胆之郁气，健脾降火，常用来治疗肝胃气痛，恶心呕吐，消化不良，泄泻等症。薄荷则能搜肝气，既能使气机上行，清利头目之风，又能下气消宿食，尤善解忧郁，以疏肝胆结滞之气。紫苏叶能行气宽中，治气郁结而中满痞塞，胸膈不利，腹胁胀痛等症状。

参考文献：

［1］李明，谢菁菁，吴彤，王婴，刘方芳，王芳，李岩.PM2.5对肝细胞脂质代谢和氧化应激的影响［J］.中国当代医药，2016，23（9）：9-11.

［2］Vesterdal L K，Danielsen P H，Folkmann J K，et al.Accumulation of lipids and oxidatively damaged DNA in hepatocytes exposed to particles［J］.Toxicol Appl Pharmacol，2014，274（2）：350-360.

［3］冯琴，方志红，崔剑巍，王晓柠，胡义扬.葛根对大鼠酒精性肝损伤的干预作用［J］.上海中医药杂志，2007（4）：64-66.

［4］王晶，李洪敏，艾芳，曹雄，吴爱娟，韩琴.葛根素的提取及对小鼠解酒护肝功能的鉴定［J］.局解手术学杂志，2015，24（4）：358-361.

［5］刘翔.黄芪多糖与枸杞多糖联用对小鼠肝组织损伤的保护作用［J］.基因组学与应用生物学，2018，37（6）：2656-2662.

［6］孟茹，李重阳，俞诗源等.当归（粗）多糖对麻黄素肝组织损伤的保护作用［J］.解剖学报，2015，46（3）：379-386.

［7］贾书花，王东，张旭东等.当归多糖对小鼠酒精性肝细胞损伤的作用［J］.解剖学研究，2015，37（6）：468-471.

［8］Perez J L, Jayaprakasha G, Valdivia V, et al. Limonin methoxylation influences the induction of glutathione S－transferase and quinone reductase ［J］. J Agric Food Chem, 2009, 57 (12)：5279-5286.

［9］王颖, 蔡永青, 黄明春等. 山楂酸对四氯化碳致小鼠急性肝损伤的保护作用及机制研究 ［J］. 中国临床药理学与治疗学, 2016, 21 (8)：854-858.

［10］乔靖怡, 李汉伟, 付双楠等. 山楂总黄酮对四氯化碳致大鼠急性肝损伤的保护作用 ［J］. 中药药理与临床, 2016, 32 (5)：52-55.

［11］吕娟涛, 汤浩. 女贞子多糖对肝损伤保护作用的实验研究 ［J］. 中国医院药学杂志, 2010, 30 (12)：1024-1025.

［12］刘芬. 白芍总苷对急性化学性肝损伤小鼠的保护作用研究 ［J］. 中药药理与临床, 2015, 31 (4)：100-102.

辅助增强泌尿系统功能的食养方案

在空气污染物的笼罩之下，人体的抵抗能力降低，不仅肺、肝、心血管等系统会被"攻陷"，就连各种泌尿生殖道感染疾病的发病率也会大大增加。因为，雾霾中的可吸入人体的有害物质，如直径小于5μm的颗粒、各种重金属离子，从肺转移到循环系统，通过循环系统走遍全身各个器官，并经过肝脏代谢后，最终由泌尿系统生成的尿液排出体外。

第一节　空气污染对人体泌尿系统功能的影响

当人处在汽车尾气排放、秸秆焚烧、吸食烟草的环境之时，细微颗粒物里的各种金属离子，如镉、铅、铬、汞等，扩散在空气中，被吸入体内，就会对肾脏造成巨大负担。目前认为，当尿中镉浓度超过 $5\mu g/g$ Cr 时，机体已经发生不可逆的肾小管功能障碍，而尿镉达到 $10\mu g/g$ Cr 时，可发生肾脏损害[1]。在这种情况下，如果泌尿系统没有正常的工作，空气污染就会加快导致一系列的泌尿系统的病变；同时正常存活在尿道中的细菌，其致病性显著增强，造成诸如慢性肾盂肾炎等炎症，对人体造成意想不到的伤害。

此时除了大量喝水以外，还可以通过服用一些对泌尿系统有益的食物，来促进尿液排泄，从而加快有毒物质的排出，防止细菌与膀胱壁、尿道壁的粘连，增强抗炎、抗水肿等作用，减缓对泌尿系统造成的损伤。

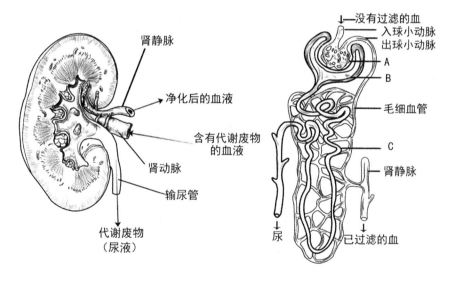

图 11.1 所谓的肾脏排毒，是因为有害物质随着血液进入肾小管并在其中被过滤出来，最终形成尿液排出体外，进入血液系统后的空气污染物对肾脏造成巨大负担，会加快泌尿系统的病变

第二节　辅助增强人体泌尿系统功能的常见食物

1. 蔓越莓

蔓越莓属于杜鹃花科，是一种北美地区的代表性植物，被广泛种植。在我国，蔓越莓也在不少地区有分布，主要种植于黑龙江、吉林、内蒙古、陕西、新疆等地区。新鲜的蔓越莓果实色泽明亮、饱满结实、酸甜浓郁，营养价值丰富，在国际上被誉为"黄金浆果"和"水果之王"。

蔓越莓中含有花青苷、原花青素、黄酮醇、酚酸、鞣花酸、白藜芦醇、木脂素等有效成分，具有抗癌防癌、抗辐射、防止尿路感染、提高免疫力、保护胃肠、改善视力等多种保健功效。

蔓越莓提取物的主要成分为独特的 A 型原花青素，体外细胞实验证实了蔓越莓提取物原花青素是一种非常强大的抗氧化剂，这种物质的活性成分可以防止细菌与膀胱壁的粘连，抑制 P 型大肠杆菌对人尿道上皮细胞的黏附作用[2]，另外，现代医学实验也发现蔓越莓能降低肾结石术后发生的尿路感染及结石复发率，提示长期规律食用蔓越莓将使肾结石术后患者从中受益[3]。

2. 鸡内金

鸡内金，又名鸡肫皮、鸡嗉子、里黄皮等，为雉科动物家鸡的干燥砂囊内壁。杀鸡后，取出鸡肫，趁热立即剥下内壁，洗净干燥而成。鸡内金始载于汉代的《神农本草经》，中医认为其性甘、平。

《中药大辞典》记载其能消积滞，健脾胃。治食积胀满，呕吐反胃，泻痢，疳积，消渴，遗溺，喉痹乳蛾，牙疳口疮。

一直到民国时期，近代医家张锡纯始明确提出以鸡内金治疗石淋。其所著《医学衷中参西录》记载："鸡内金，鸡之脾胃也，中有瓷、石、钢、铁皆能消化，其善化瘀可知。"鸡内金作为治疗石淋的常用中药材，能渐消结石，作用持久缓和，无论新病久病，实证虚证，皆可长期应用。而现代研究也表明，鸡内金中含有锶、锌、铝、钼、锰、钴等微量元素，能抑制尿石形成，或使已形成的结石发生溶解作用[4]。

3. 鲤鱼

鲤鱼，为鲤科动物鲤鱼的肉。鲤鱼既可红烧又可清蒸，是各大菜系的常见食材，配上适当的中药又可制成美味药膳。中医认为鲤鱼味甘、性平，《全国中草药汇编》记载其能消肿，利小便，镇咳平喘，下乳安胎。主治肾炎水肿，咳嗽气喘，乳汁不足等。

鲤鱼肉中含蛋白质、脂肪、维生素、碳水化合物、钙、磷、铁以及十几种游离氨基酸，其中以谷氨酸、甘氨酸、组氨酸量最为丰富。它们也是使鲤鱼美味的主要成分。而临床试验证明，鲤鱼汤能够减少尿蛋白的排泄量，提高血清中的白蛋白和总蛋白，减少肾脏对水液的重吸收而缓解肾性水肿[5]。

4. 赤小豆

赤小豆，又名红豆、赤豆、朱赤豆等，为豆科植物赤小豆或赤豆的成熟种子。常用来做成豆沙作为面食的馅料使用，也可用于煮制豆饭、八宝粥等食品。中医认为其性甘、酸、平。《中国药典》记载其功效为利水消肿，解毒排脓。临床上常用于治疗水肿胀满，脚气肢肿，黄疸尿赤，风湿热痹，痈肿疮毒，肠痈腹痛。

现代医学实验发现赤小豆三氯甲烷及正丁醇萃取部位具有显著的利尿作用，可能是赤小豆利尿作用的主要有效部位[6]，此外，赤小豆汤对于肾小球肾炎导致的全身浮肿、尿蛋白等症状能完全消失[7]。

而现代药理学的研究则表明，赤小豆含有三萜皂苷、糖苷、鞣质及黄酮等有效成分，具有抗氧化、降血糖、降血脂等作用，对急性肾炎、肝硬化腹水、水痘、腮腺炎、炎性外痔、皮肤病等疾病效果良好，同时还有抗氧化和雌激素样等多种作用。

第三节　辅助增强人体泌尿系统功能的药膳配方

1. 鲤鱼汤

原料：鲤鱼1条（约重1千克），赤小豆20克，白术15克，生姜9克，芍药9克，当归9克，茯苓12克，食盐适量。

做法：将鲤鱼洗净去内脏切块，和赤小豆、白术、生姜、芍药、当归、茯苓一起放入砂锅中，加水没过食材，武火烧开后文火炖熟即可。

功效：鲤鱼、赤小豆是中药中传统的利水消肿的食材，有助于增强泌尿系统功能。白术、芍药、当归健脾疏肝补血，能祛邪而不伤正气，深合中医"血不利则为水"之旨。

2. 冬瓜薏米汤

原料：冬瓜400克，薏苡仁100克，葱、姜、蒜、食盐适量。

做法：将冬瓜洗净切块，薏苡仁洗净，先煮，后放入冬瓜煮汤，加入葱姜蒜和盐。

功效：冬瓜、薏苡仁都是有利尿效果的食材，对于增强泌尿系统功能有着较好的效果。

3. 紫苏炒田螺

原料：紫苏 100 克，田螺 500 克，辣椒、花椒、葱、姜、蒜、酱油（或豆瓣酱）、油、食盐适量。

做法：田螺洗净，锅烧热后放入辣椒、花椒、葱、姜、蒜，炒香后再放入田螺和紫苏翻炒，最后加入酱油（或豆瓣酱）和食盐焖煮 3~5 分钟即可。

功效：田螺是中医传统的利水（尿）的食物，加上紫苏能利气，解鱼虾田螺之毒，二者合用有助于促进尿液顺畅排出。

4. 藕节冬瓜汤

原料：生藕节 200 克，冬瓜 300 克，葱、食盐适量。

做法：将藕节、冬瓜去皮洗净切块，加水煮熟后，加入适量葱、食盐。

功效：藕节能利尿、止尿血、消瘀血，冬瓜能治小腹水胀、利小便。二者合用，清热通淋，利湿止血。清热凉血，利尿通淋。

5. 二金茶

原料：金钱草 10 克，海金砂 15 克，绿茶 3 克。

做法：将以上药物沸水冲泡后加盖，代茶饮。

功效：金钱草和海金砂均能利水通淋、防治水肿尿血。二者合用，能清热利尿，消肿解毒抗菌。

6. 玉米须茶

原料：玉米须 60 克，可放冰糖适量。

做法：将玉米须加水，武火煮沸后文火煎 15 分钟即可，代茶饮。

功效：玉米须能利水消肿，泄热，平肝利胆，还能抗过敏，治疗肾炎水肿、肝炎、高血压、胆囊炎、胆结石、糖尿病、鼻窦炎、乳腺炎等。

参考文献：

[1] Xu Xin, Nie Sheng, Ding Hanying and Hou Fanfan. Environmental pollution and kidney diseases [J]. Nature Reviews Nephrology, 2018, 14: 313-324.

[2] 蓝娜娜，李爱民，张建国. 蔓越莓制剂抑制 P 菌毛阳性大肠杆菌粘附人尿道上皮细胞的研究 [J]. 食品与发酵科技，2017，53（4）：16-26.

[3] 蒙勇燕，陈光. 蔓越莓预防鹿角形肾结石术后复发的疗效分析 [J]. 黑龙江医药，2015，28（1）：145-146.

[4] 许浩辉，冯松杰. 鸡内金治疗石淋之探讨 [J]. 四川中医，2015，33（4）：36-38.

[5] 田小剑，郭云良，刘丽秋等. 鲤鱼汤对阿霉素肾病大鼠肾脏水通道蛋白表达的影响 [A] //中国中西医结合学会营养学专业委员会. 第七届全国中西医结合营养学术会议论文资料汇编 [C]. 中国中西医结合学会营养学专业委员会，2016：8.

[6] 闫婕，卫莹芳，钟熊等. 赤小豆对小鼠利尿作用有效部位的筛选 [J]. 四川中医，2010，28（6）：53-55.

[7] 梁起鸣，唐国娟，张法荣. 麻黄连翘赤小豆汤治疗肾脏疾病的现代临床应用 [J]. 世界最新医学信息文摘，2017，17（A1）：22-23.

辅助增强生殖系统功能的食养方案

现代医学认为，在人体中下丘脑-垂体高级中枢就像电脑的CPU一样，精密调控着体内性激素的分泌水平，使之维持在合理水平范围内，对人体的性行为具有重要的作用。但是，随着年龄的增长和外界环境的影响，生殖机能也会逐渐衰老或遭到破坏。其中空气污染就是一个很大的破坏因素。

第一节　空气污染对人体生殖系统功能的影响

有研究指出，对于男性来说，长期暴露在高浓度的空气污染物中，可能造成精液质量的下降，其存在于精子发生的整个阶段：生精细胞凋亡，精子数量减少；精子细胞膜破坏，活力减低；精子DNA

损伤，影响所形成的胚胎质量。对于女性来说，空气污染不仅会导致不孕的相关疾病，如多囊卵巢综合征、子宫内膜异位症等，而且与妊娠过程中的多种不良结局相关：胚胎停育、流产、死胎、早产、低出生体重儿等[1]。

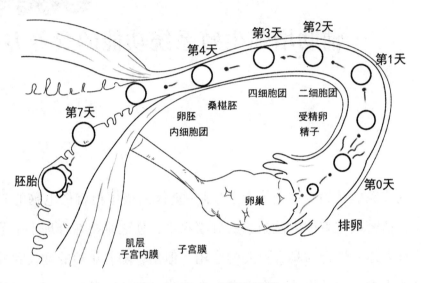

图 12.1　生殖孕育周期

　　面对空气污染造成的生育力损害的情况，虽然目前没有很好的医学预防手段，但可以根据疾病的表现——不孕不育来想办法。中医学对于不孕不育症的认识已有数千年的历史，《黄帝内经素问·上古天真论》提出："肾气盛，天癸至，精气溢泻，阴阳和，故能有子。"在中医理论中，"肾"被看作是"先天之本""五脏阴阳之本""封藏之本"，清代著名医家傅山所著《傅青主女科》中提到"经水出诸肾"，强调了肾对于女性月经、生育的重要性。而"肾主生殖"更是中医藏象学说对人体生殖生理的认识：肾精充足、肾气旺盛，则人体的生殖功能正常；反之，肾精不足、肾阴阳之气亏虚，则男性出现阳痿早泄，弱精死精，女性出现月经先后不定期、不育等症状，因此临床中生殖功能障碍所致的不孕症、不育症多从补养肾精肾气入手调理。

现代中医治疗以肾藏精，主生殖，治疗时重在补肾的中药组方来治疗不孕患者。如经典名方六味地黄丸中以滋阴药熟地、山萸肉等滋养肾阴；五子衍宗丸中以补阳药菟丝子、枸杞子等温助肾阳，充分体现了调整肾脏阴阳平衡的整体辨证用药原则。中药的治疗以补肾来改善生殖内环境及卵巢和子宫内膜等的形态和机能，与西医学治疗以改善卵巢储备功能与子宫内膜容受性相似，因此补肾中药改善卵巢储备功能与子宫内膜容受性具有可行性。

第二节　辅助增强人体生殖系统功能的常见食物

1. 玛咖

玛咖是南美十字花科独行菜属一年生或两年生草本植物的根茎，原产于秘鲁安第斯山脉，又称"秘鲁人参"，在当地食用历史悠久，作为常见的蔬菜和主要食物来源，还被认为有强壮身体，提高免疫力，改善性功能，抗抑郁，抗贫血等的功效。现在，玛咖在国际上受到了热捧，我国目前已在云南、新疆和西藏等地区引种栽培成功。根据国外已有的研究，黄、红、黑三个品种的玛咖均能提高性欲、提高生殖能力、提高性功能、调节激素水平、提高精子活力、缓解焦虑抑郁、提高身体活动能力、缓解慢性疲劳综合征、缓解更年期综合征、促进骨骼关节健康、调节机体代谢、护肝、辅助治疗艾滋病、辅助防治肿瘤、辅助治疗贫血、改善认知能力、免疫调节等[2]。因此，婴幼儿、哺乳期妇女、孕妇不宜食用。

目前，玛咖对于生殖系统的改善情况，临床研究和动物实验进行了深入的研究，证实了玛咖能够改善性功能，具体包括提高性欲，提高轻度勃起功能障碍（ED）患者的性快感和性行为，减轻性功能障碍[3]；促进精子发生，提高精子活力，从而增强生殖能力。另外，针对玛咖的动物实验还发现，玛咖能提高雌性大鼠体内孕酮浓度，服用了玛咖提取物之后，能够显著提高产仔数量[4]。

2. 肉苁蓉

肉苁蓉，又名金笋、地精、苁蓉、大芸，为列当科植物肉苁蓉或管花肉苁蓉的干燥带鳞叶的肉质茎，主产于内蒙古、甘肃、新疆、青海等地，有"沙漠人参"的美誉。早在汉代的《神农本草经》就记载了本味药，其性温、味甘咸，《中药大辞典》记载其能补肾，益精，润燥，滑肠。治男子阳痿，女子不孕，带下，血崩，腰膝冷痛，血枯便秘。为补肾壮阳、润肠通便之要药。现代药理研究表明，肉苁蓉有润肠通便、保肝、抗骨质疏松、抗氧化、抗衰老、抗疲劳等作用。

而现代医学通过动物实验证实了，肉苁蓉具有促进性激素分泌或表现性激素样作用。肉苁蓉中的松果菊苷、毛蕊花糖苷均能有效地结合雌激素受体，使得血清中的雌激素和黄体生成素含量增高，卵泡雌激素含量降低，发挥雌激素样作用。另外，肉苁蓉对生精功能、精液质量有很好的保护作用。肉苁蓉的水煎液可显著增加精子密度、精子活率，加快精子运行速度，降低精子畸形率，改善睾丸组织形态，使生精小管形态规则，各级生精细胞排列紧密有序，睾丸间质细胞数量明显增加，血管丰富，睾丸生精功能增强，附睾管的微环境得到显著改善[5]。

3. 菟丝子

菟丝子，又名豆寄生、无根草、黄丝藤等，为旋花科植物菟丝子的成熟种子。早在汉代的《神农本草经》记载其可"主腰脊痛，坚筋骨"，《中国药典》记载其能滋补肝肾，固精缩尿，安胎，明目，止泻。用于阳痿遗精，尿有余沥，遗尿尿频，腰膝酸软，目昏耳鸣，肾虚胎漏，胎动不安，脾肾虚泻；外治白癜风。

菟丝子是我国古代著名中成药"五子衍宗丸"的主要药物之一，专治阳痿不育、遗精早泄，提高受孕概率。现代药理研究表明，菟丝子能够调节生殖内分泌，增强免疫力，加强神经营养，抗突变，保肝明目，防治心血管疾病，抗氧化和抗衰老的作用。动物实验也证实，菟丝子中的有效成分菟丝子黄酮可保护生精细胞的增殖能力，明显地抑制和调控生精细胞凋亡时间[6]。

4. 韭菜子

韭菜子，为百合科植物韭成熟的种子。是一种常见的、营养价值颇高的药食两用植物种子，全国各地均有栽培。我国俗语中有"韭菜壮阳"的说法，而早在汉代的《名医别录》就有"主梦泄精，溺白"的记载，其性温，味辛、甘。《中药大辞典》记载其能补肝肾，暖腰膝，助阳，固精。中医临床上多用于阳痿、遗精、遗尿小便频数、腰膝酸软、冷痛、白带过多。韭菜子含硫化物、苷类、维生素 C 等类成分，作为我国传统中药品种，其温补壮阳作用已经非常明确。

现代医学研究证实了韭菜子的醇提取物对性功能的影响，在改善性功能方面作用显著[7]，韭菜子提取物温肾助阳的作用也不容忽视，而其增加耐寒、耐疲劳和自主活动的作用同样十分明显[8]。

5. 鹿茸

鹿茸为鹿科动物梅花鹿或马鹿的雄鹿未骨化密生茸毛的幼角。鹿茸是我国传统的名贵中药材，就连神话传说中的龙角也是由鹿角演化而成。我国现存最早的医方——马王堆汉墓出土的《五十二病方》就有记载用鹿角治疗蛇咬疮等疾病，可见鹿茸在我国运用历史悠久。鹿茸其性甘咸，温。《中国药典》记载其能壮肾阳，益精血，强筋骨，调冲任，托疮毒。多用于阳痿滑精，宫冷不孕，羸瘦，神疲，畏寒，眩晕耳鸣耳聋，腰脊冷痛，筋骨痿软，崩漏带下，阴疽不敛。在现代，鹿茸多切片做菜、泡酒或是磨成粉食用。

现代医学也通过动物实验，证实了鹿茸在生殖系统功能促进方面的功效。冻干粉能够使血清中的雌二醇水平显著增高，对于子宫、卵巢、阴道的重量显著提高，子宫外径显著增加，卵巢体积增大，原始、初级、次级和成熟卵泡增多[9]。此外，鹿茸可提高精子总数、活率、顶体酶水平、附睾系数、睾丸系数及睾酮水平，降低卵泡刺激素水平，鹿茸高剂量组可提高附睾质量，可见鹿茸对肾阳虚不孕不育均具有一定的治疗作用[10]。

第三节　辅助增强人体生殖系统功能的药膳配方

1. 黄芪黄鳝汤

原料：黄鳝3条，黄芪20克，葱、姜、蒜、盐、味精适量。

做法：黄鳝去头尾内脏切段，将黄鳝、黄芪、葱、姜、蒜放入锅中，加适量水煮成汤。

功效：益气固表，有助于治疗气虚乏力、便血崩漏、表虚自汗、血虚萎黄、内热消渴等症，对于慢性肾炎，蛋白尿，糖尿病等也有一定的缓解作用。

2. 当归枸杞炖鸡蛋

原料：当归15克，枸杞20克，制首乌10克，黄芪10克，鸡蛋3个。

做法：将以上所有食材文火水煮，鸡蛋水煮10分钟后去壳放回再煮30分钟，服用鸡蛋及汤。

功效：补血养肾、健脾益气、抗衰驻颜。

3. 板栗炖猪腰

原料：生板栗100克，猪腰子2个，枸杞10克，当归12克，杜仲10克，葱、姜、盐、味精适量。

做法：猪腰洗净切片，板栗剥壳，将板栗、猪腰、枸杞、当归、杜仲、葱、姜放入砂锅炖1个小时，加适量盐和味精。

功效：补肾益气、健脾调胃、固元理气。

4. 壮阳狗肉汤

原料：菟丝子20克，肉苁蓉20克，枸杞30克，狗肉500克，葱、姜、蒜、食盐、味精适量。

做法：将狗肉洗净切块，菟丝子用纱布袋装好，和肉苁蓉、狗肉、枸杞、葱、姜、蒜一起放入砂锅中，武火煮沸后用文火炖熟即可。

功效：补中益气、温肾助阳。

5. 清蒸紫河车

原料：新鲜鹿胎盘 1 具（新鲜羊胎盘亦可），葱、姜、盐、味精适量。

做法：鹿胎盘洗净切块，加入葱、姜、颜、味精，置蒸锅内蒸至软烂后取出食用。

功效：鹿胎盘能够补血填精，骏补下元，调经种子，《本草新编》认为其能"健脾生精，兴阳补火。"现代研究认为胎盘中的绒毛膜促性腺激素可兴奋睾丸、促进精子生成。胎盘中所含的钙、磷等元素亦可促进精子生成，提高精子存活率和活动力。

参考文献：

[1] 张怡，杨菁，马露. 空气污染对生殖健康影响：研究现状与展望 [J]. 中华预防医学杂志，2017，51（3）：193-196.

[2] Gonzales G F, et al. Effect of Lepidium meyenii（Maca），a root with aphrodisiac and fertility-enhancing properties, on serum reproductive hormone levels in adult healthy men [J]. Endocrinol, 2003, 176（1）：163-168.

[3] Dording C M, Fisher L, Papakostas G, et al. A doubleblind, randomized, pilot dose-finding study of maca root（L. Meyenii）for the management of SSRI-induced sexual dysfunction [J]. Cns Neuroscience & Therapeutics, 2008, 14（3）：182.

[4] T Zenico, A F G Cicero, L Valmorri, et al. Subjective effects of Lepidium meyenii（Maca）extract on well-being and sexual performances in patients with milder ectile dysfunction：A randomised, double-blind clinical trial [J]. Andrologia, 2009, 41（2）：95-99.

[5] 王德俊，盛树青，梁虹. 肉苁蓉对小鼠睾丸和附睾形态学及组织化学的影响 [J]. 解剖学研究，2000，22（2）：101-103.

［6］苏杭，张博，任献青，郑贵珍，丁樱，翟文生，黄岩杰．菟丝子黄酮、雷公藤多苷对体外培养幼鼠生精细胞周期及凋亡的影响［J］．时珍国医国药，2016，27（10）：2322-2324.

［7］何娟，李上球，刘戈等．韭菜子醇提物对去势小鼠性功能障碍的改善作用［J］．江西中医学院学报，2007（2）：68-70.

［8］王成永，时军，桂双英等．韭菜子提取物的温肾助阳作用研究［J］．中国中药杂志，2005（13）：1017-1018.

［9］孙钦亮，范红艳，王艳春，任旷．鹿茸多肽对骨关节疾病及生殖系统作用的研究进展［J］．吉林医药学院学报，2013，34（5）：385-387.

［10］黎同明，高洁，贝毓．鹿茸及鹿鞭对肾阳虚大鼠不育症的实验研究［J］．广州中医药大学学报，2011，28（4）：406-456.

辅助抵御空气污染损害的保健方法

　　欲得长生，必究养生。尤其是出现了雾霾天气这类情况时，更应该重视养生，防患于未然。目前市面上流传着许多宣称能够帮助人体抵御空气污染的"偏方"，但并未得到科学证实，有可能会损害我们的身体健康。因此，要想真的达到益寿延年的目的，还需要从医学方面开展更多的科学研究。

　　上一章说到，雾霾天气时，空气中的致病因子，如细菌、病毒、二氧化硫、氮氧化物、重金属离子以及可吸入颗粒物等，吸入人体，轻则引起咳嗽、痰多、咽痒等不适症状，重则沉积于体内，可能导致心血管、肝胆、泌尿生殖系统等疾病。我们也提到，各种食物能够帮助我们解决空气污染造成的健康问题。但是，除了食疗外，您还知道有哪些简单易行的养生保健方法，能够在日常生活中帮助我们提高对于空气污染的抵抗能力吗？

　　下面要介绍的这些养生运动和保健方法，多是良性调节人体的免疫系统，不断提高人体的免疫力，缓解焦虑、抑郁等精神症状。通过这些方法，能使得人体就算在雾霾天气，也能较为愉快度过；同时，不断增强的免疫功能，也能让人体较为平稳地应对因天气带来的诸多不适。如可以在雾霾天气来临前做好艾灸，减少肺部疾病的发生，起到未病先防的作用，就是明朝针灸大师高武《针灸聚英》提出的"无病而先针灸曰逆。逆，未至而迎之也"。

古代的中医大家们，对于这些养生之术各有心得。虽然当时的检测方法有限，不可能像现代抽取血液检测白细胞数量、炎症因子等；但同样有迹可循，如年老之后身体面貌仍然不输于壮年，以及寿命较他人为长等。史书记载华佗创立五禽戏，年逾百岁而犹有壮容；药王孙思邈创立养生十三法，世寿一百零二而终等。到了现代，著名的国医大师们，同样奉而行之，很多名老中医的养颜抗衰之法的相关报道屡见不鲜。

中医养生，注重的是一个度，正如同阴阳的平和。太极拳、八段锦等功法，动中有静，静中有动，动来运气，静以养身，通过出动入静来达到养性、修德的功效。这些活动，不仅对于提升免疫力、修复强健人体各器官及系统功能具有直接的作用和益处，增强人体对于外部恶劣环境的抗病能力，能够满足人们延年益寿的养生需求，而且作为中华民族具有哲学思想内涵的传统养生文化，在锻炼对中国哲学进行感悟，有利于人们获得一种身心休闲体验，促进人与人的交往、人与自然的关系和谐、人与社会环境的和谐相处，让人们在锻炼中获得身心的愉悦，满足人们修身养性的精神需要。

第一节　常见的保健运动

"生命在于运动"，适量的运动不仅能够提高人体的心肺功能，还能增强人体免疫力，有益于人体健康。但是，运动也要讲究天时，不得其法的运动不仅不能增强体质，反倒会对人体健康造成危害。

在当前空气质量的大环境下，进行户外运动首先要查看当天的空气质量，并选择适宜的运动地点，以免吸入过量有害气体，危及自身健康。例如空气污染严重的天气，就应该尽量减少外出活动；而在空气质量尚可的天气，在室外运动也要尽量避开主干道路，以免成为马路上的移动"空气净化器"。

空气质量差，不能外出运动时，人们也可以选择在室内进行体育运动。通常，在空气环境不佳的状况，即使进行室内体育项目锻炼，也应尽量选择一些耗氧量较低，运动强度较小，节奏慢，肺通气量增加不明显的锻炼项目，避免由于呼吸频率加快，呼吸深度加深导致可吸入颗粒物对机体危害程度加大的影响。此时，中国传统的太极拳和八段锦，就能很好地起到强身健体的效果。

中国传统的健身术，如太极拳、八段锦等，在中国已经有几千年的发展历史。它们都是建立在中医理论基础上，伴随着中医发展而来的，不仅对强健体魄具有积极的作用，而且对于人体保健和疾病预防具有重要的意义。如八段锦的第一式：双手托天理三焦，这个动作简而言之是让身体直立，两手掌心朝上直臂上举。从体育运动学的角度来说，这仅仅是一个简单的徒手动作，但是在中医理论中这个动作却别有文章：三焦在中医藏象理论中，既是元气运行之通道，又是水液通行之场所，是上焦心肺、中焦脾胃、下焦肝肾的总称[1]。诚如《难经》所云："三焦者，原气之别使也，主通行三气，经历五脏六腑。"两手交叉上托，拉开胸腔上焦；提拉胸腹，调理中腹部中焦；拔伸腰背，按摩到下腹部下焦。您看，简单的一个动作，就可以引起人体整体生理机能的变化，达到调理上中下三焦的效果。

以上可见，出现雾霾天气时，最好在家中进行太极、八段锦等柔和的运动，且坚持练习才会取得更好的疗效。

一、太极拳

我国的太极拳作为中国传统的体育项目，在民间广为流传，深受大众喜爱。根据清朝李亦余所作《太极拳小序》："太极拳始自宋张三丰，其精微巧妙，王宗岳论详且尽矣。后传至河南陈家沟陈姓，神而明者代不数人……"太极拳大多被认为是张三丰所创，明末清初河南陈氏的第九世陈王廷改进。流传至今，已有无数版本，从基本十三式、简化二十四式，到复杂的八十一式、一百零八式等。

太极拳作为有氧运动之一，现代研究表明，太极拳练习要求精神高度集中，这能刺激神经中枢的活动，从而加强对身体的调控，增加脑动脉血流量和供氧量[2]；另外可以改善和调节植物神经活动，进而改善呼吸功能[3]；动作与呼吸协调配合，达到气沉丹田（腹式呼吸），这对膈肌以及其他呼吸肌是一种有效的锻炼，加强其肌力，对提高老年人呼吸机能有重要作用[4]。因此，太极拳运动能够改善人体血液循环、缓解高血压、提高心肺功能，改善慢性非特异性下背痛患者的症状[5]，同时对于缓解人体焦虑、紧张、抑郁等负面情绪，维持精神愉悦和心理健康具有重要意义[6]。通过调身、调息、调心等方法来调整精、气、神的和谐，达到促进气血运行、阴阳调和的功效。

本章从二十四式中选取其中较为容易操作的动作进行阐释，并重点讲解太极拳注意要领。因其为各类导引动作之基本，经常习练同样有改善体质、增强身体对抗空气污染能力的作用。

1. 太极拳五大注意要领

（1）虚灵顶劲

不管是练习太极拳还是其他功法时，首先都要求练习者的头部摆正位置。所谓"头正、顶平、项直、颔收"，就是说头顶百会穴（头部上方向最顶端）上犹如有根绳子将整个头部吊得正正端端，"头正，顶平"；而要做到这点，就必须"项直，颔收"脖子和下巴微微内收。最终感觉气血很容易就能从胸部通过颈项部直达头顶，就是所谓的"神贯于顶"。

（2）含胸拔背

含胸是指胸廓自然向内略含，但又不能过分用力，使得胸部气血宽舒。拔背是当胸廓略收之时，将重心均匀分布在背脊之上，不偏不倚。此时，很容易就能感觉到能将气血往下走，沉于下丹田的感觉。

（3）松腰敛臀

腰为身之半，为一身四肢主宰。太极拳要求含胸及气下沉于丹田，则必须松腰，腰部松沉后，才会使坐身或蹲身时的姿势更加稳健。

敛臀是指在含胸拔背和松腰的基础上，臀部稍作内敛，像用臀部把小腹托起来似的，使臀肌向外下方舒展，然后向前、向里轻轻收敛。当然，也不能使臀部故意前攻而导致上体后倾。松腰敛臀有利于气沉丹田。

（4）沉肩坠肘

沉肩是指肩松开而下垂，坠肘是使肩肘向下沉坠，从而产生上肢内在的如棉里裹针的遒劲，并使劲力贯穿到手指。

（5）双腿微屈

腿略弯曲，脚掌抓地，能使得腰胯之劲力贯穿到脚尖。此外，太极拳连贯打下来的各式动作，均要求重心不能过多上下起伏，不管单腿、双腿站立或是移动，均保证双腿微屈的状态。

可见，拆解太极拳的要点，下肢要保持抓地的稳定性，上肢保持空灵的灵动性。气机沉在下丹田中，既能借助腰之力很快的传导到四肢部位，又能通过含胸拔背和虚灵顶劲上达头顶。因此，其重点首先在于腰。灵活运用腰力，对动作的进退旋转、用躯干带动四肢的活动及动作的完整性起主导作用。此时，"意之所至，气即至焉"。动作用意不用力，不用所谓的"死劲""拙劲"，通过意来御力，力由意生，意到气到，劲出自然。最后，练习太极拳时，动作要势势相连，贯穿一气。自起势至收势，应绵绵不断，周而复始，循环无穷，中间没有间断，没有停顿，保持均匀的速度，不可忽快忽慢，且所有动作势式，一般都要保持相同的高度。

2. 太极拳最基本的五式动作分解

第一式：预备式

动作：自然站立，双脚并拢，双手垂于大腿外侧；虚灵顶劲、含胸拔背、沉肩坠肘、双腿微屈，口闭齿扣，胸腹放松，眼视前方。

图 13.1　预备式

解析：看上去平平无奇，实则是练习各类导引之术最基本的状态，需要掌握上述的五大注意要领，才能灵活进行之后的动作。

第二式：起势

动作：（1）身体重心慢慢移至右腿，左脚向左迈开，脚掌先行着地，慢慢踏实，双腿与肩同宽，双脚脚尖向前。

（2）缓慢吸气，吸气同时两臂由体侧向前慢慢平举至与肩同高，两臂与肩同宽，掌指向前，掌心向下。

（3）在上体保持正直、缓慢呼气吸气的同时，两腿缓慢屈膝略向下蹲，臀部保持正直，同时两掌轻轻下按至腹前，掌指略微比掌跟上翘，沉肩坠肘，目视前方。

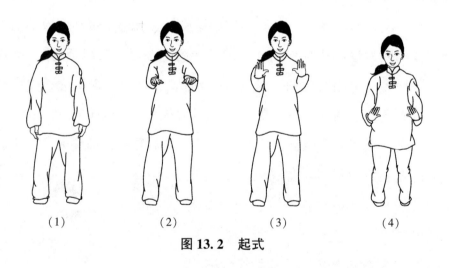

（1）　　　　　（2）　　　　　（3）　　　　　（4）

图 13.2　起式

解析：本式强调的是既关注于呼吸，同时意在指尖。身体随呼吸协调一致，缓慢吸气双手上抬，缓慢呼气屈膝落手按掌。有利于身体神气流通和按摩膈肌、内脏。

第三式：白鹤亮翅

动作：（1）身体保持中正，两腿屈膝略向下蹲，左手掌心朝下，左臂平屈于胸前，右手掌心朝上，右臂平屈于小腹前，左右手成抱球状。

（2）重心移至左腿，右脚上前半步，随即重心后坐移至右腿，上半身体先略向右转，然后左脚稍向前移半步，脚尖点地，成左虚步，同时上半身体再略向左转，面向前方。两手随转身慢慢向右上左下分开，上半身体先略向右转时右手上提，于胸颈部时翻转手腕和掌心，手心朝向左后方，最终上举停于右额前；上半身体再略向左转时左手落于做胯前，手心朝下，指尖向前，眼平看前方。

（3）坚持 10~20 秒。做完右式可以反方向做左式。

解析：两脚交替支撑重心，双手撑拉开保持稳定，两腋不夹紧，能最大限度地募集到四肢肌肉保持静态下的发力。锻炼的时间越久，则坚持的时间能够越长，有利于全身气血的流通，排出代谢废物。

（1）　　　　　　　（2）　　　　　　　（3）

图 13.3　白鹤亮翅

第四式：手挥琵琶

动作：（1）身体保持中正，双腿与肩同宽，两腿屈膝略向下蹲。

（2）重心移至左腿，右脚上前半步，脚跟着地，脚尖翘起，膝部微屈，同时右手由下向上弧型挑起，于鼻尖处平，掌心朝左侧，沉肩坠肘，臂微屈；左手同样抬起，指尖斜指向右臂肘部内侧，掌心向右下；眼看右手食指。

（3）坚持 10~20 秒。做完右式可以反方向做左式。

解析：此式同上式的白鹤亮翅，均能促进全身气血流通。同理，锻炼的时间越久，坚持的时间越长，越能有益健康。

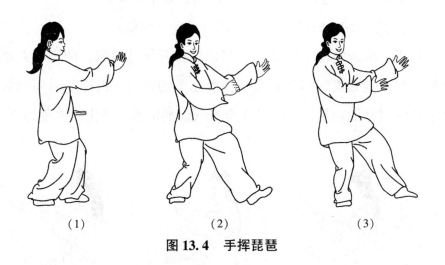

| (1) | (2) | (3) |

图 13.4　手挥琵琶

第五式：云手

动作：（1）身体保持中正，双腿与肩同宽，两腿屈膝略向下蹲。

（2）上半身体慢慢左转，重心逐渐左移至左腿，左手经腹前从右侧向右上划弧，上翻至面前，掌心朝内，再向左侧运转，翻转左手手腕和掌心，渐转向左方，朝下按落，眼看左手；同时左脚抬起向左迈出半步下落。

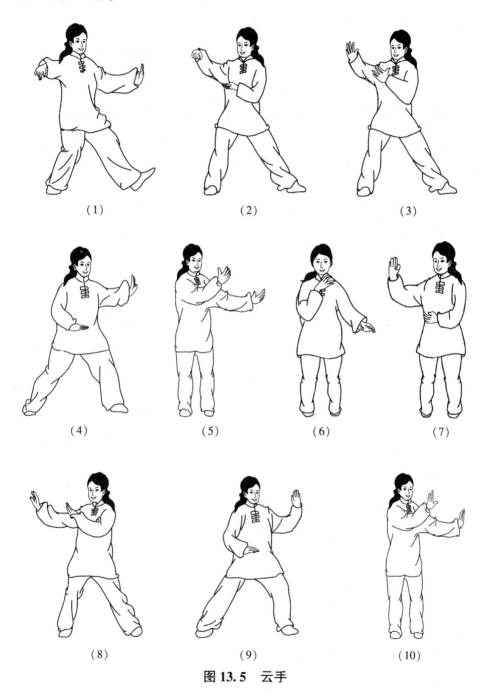

（1）　　　　　　　　（2）　　　　　　　　（3）

（4）　　　　（5）　　　　（6）　　　　（7）

（8）　　　　　　　　（9）　　　　　　　　（10）

图 13.5　云手

（3）右手经腹前向左上划弧，上翻至面前，掌心朝内，再向右侧运转，翻转右手手腕和掌心，渐转向右方，朝下按落，眼看右手；同时右脚抬起靠近左脚下落半步，成小开立步，两脚尖向前。

（4）上半身体再向左转，重复（2）（3）两次。

解析：云手动作是重复性动作，因此左右动作过程相同，身体转动时以腰脊为轴，松腰松胯，不可忽高忽低，保持平稳。两臂随腰的转动向左右划立圆，速度应缓慢均匀。下肢移动时，两脚交替支撑重心，保持稳定。双臂保持弧形，松肩，两腋不可夹紧身体。眼的视线随左右手移动。

二、八段锦

八段锦是我国流传较广的一种传统导引术，早在晋朝葛洪所著的《神仙传·卷五》当中就有记载："士大夫学道者多矣，然所谓八段锦六字气，特导引吐纳而已，不知气血寓于身而不可扰，贵于自然流通，世岂复知此哉？"八段锦之名，据载最早出现在南宋洪迈撰写的《夷坚乙志》，兴于明代，盛于清代，流传至今已有800多年的历史。本功法编排精致、姿态优美，犹如锦缎；八种动作依次连贯、相互联系、循环运转，故有"八段锦"的美称，具有"柔和缓慢，圆活连贯；松紧结合，动静相兼；神与形合，气寓其中"的特点。

八段锦之所以成为坊间一种较为流行的养生气功，一方面因其锻炼时不受场地、器材、季节、气候等限制，是一种适合各年龄段人群锻炼的健身方法；另一方面则是因为它在各种慢性疾病的康复治疗中取得了较为满意的效果。

近代流传最广的动功八段锦套路，定型的八段锦歌诀，据唐豪考证，均发生在清光绪年间。光绪年间《幼学操身》一书和《新出保身图说·八段锦图》两书所记载的八句七言歌诀为早期版本，此歌诀的问世，成为近代最有影响的一种歌诀。后世把坐式和立式八段锦称为"坐八段"和"立八段"。"坐八段"锻炼时多采用马步，动作刚劲，被称为武八段或北派；"立八段"锻炼时多采用站式，动作柔和，被称为文八段或南派。目前练习最多、流传最广的是动功八段锦套路。

八段锦动作分解具体如下。

第一式：两手托天理三焦

动作：准备：自然站立，双脚分开约与肩同宽，双手掌心朝上放置约下腹处，除拇指外四指叉握。

起势：缓慢深吸气，在吸气的同时，两臂慢慢上举，手掌升至胸前时向外翻转掌心，仍保持双手手指叉握、掌心朝上的方式继续向上，直至两臂充分拉长伸展到顶，掌跟尽力压向最高处；双手上举至头时，开始眼随手动，慢慢抬头上观掌心，直至脖颈完全拉伸；屏气保持此状态10秒左右。

落势：缓慢深呼气，在呼气的同时，双手打开，向身体两侧画圆的方式慢慢下落，直落至双腿外侧抱圆回到准备动作，即可结束本式，或是继续重复起势的动作多做几次。

解析：三焦，是指人体上、中、下三焦，位于胸腹部，其中胸膈以上为上焦，包纳心、肺；胸膈与脐之间为中焦，包纳脾、胃；脐以下为下焦，包纳肝、肾。人体三焦主司疏布元气和流行水液。这一式为两手交叉上托，拔伸腰背，提拉胸腹，可以促使全身上下的气机流通，水液布散，从而周身都得到元气和津液的滋养。

图 13.6　八段锦之第一式两手托天理三焦

第二式：左右开弓似射雕

动作：准备：自然站立，双脚分开约与肩同宽，双手掌心朝上放置约下腹处，双手如抱球不叉握，指尖相对约 2 厘米。

起势：（1）缓慢深吸气，在吸气的同时，两臂慢慢上举至胸前两手交叉，掌心均朝内，右手在外左手在内则行左式，左手在外右手在内则行右式；

（2）以左式为例，缓慢深呼气，左手拇指与食指呈 "八" 字形张开，其余三指第一二指节内收，左手掌心翻转朝左外侧，左臂转直，缓慢向左平推到极限，掌跟尽力压向最左外侧，眼看左手食指。左臂转直的同时右臂屈肘向右侧尽力拉伸，右手如拉弓状，第一二指节内收；活动双臂同时两腿屈膝下落如半蹲。屏气保持此状态 10 秒左右。

落势：缓慢深吸气，双手向身体两侧划圆，回收至胸前交叉如起势，换左手在外，右手在内，行右式。再次行至落势即可结束本式，或是继续重复起势的动作多做几次。

解析：这一式展肩扩胸，左右手如同拉弓射箭式，招式优美；可以抒发胸气，消除胸闷；疏理肝气，治疗胁痛；同时消除肩背部的酸痛不适。对于那些长期伏案工作，压力较大的白领人士，练习它可以增加肺活量，充分吸氧，增强意志，精力充沛。

图 13.7 八段锦之第二式左右开弓似射雕

第三式：调理脾胃须单举

动作：准备：如第二式。

起势：（1）缓慢深吸气，在吸气的同时，左手慢慢上举则行左式，右手慢慢上举则行右式；

（2）以左式为例，继续深吸气，左手掌朝上慢慢上举至胸处时，开始缓慢深呼气，向外翻转左手腕和掌心，仍保持掌心朝上的方式继续向上，直至左臂充分拉长伸展到顶，掌跟尽力压向最高处；同时翻转右掌心朝下，慢慢下压至最低处，掌跟同样尽力压向最低处。屏气保持此状态 10 秒左右。

落势：缓慢深吸气，左手慢慢向下回落，右手慢慢向上抬升，翻掌回至准备动作时双手如抱球不叉握的状态，换右手向上，左手向下，行右式。再次行至落势即可结束本式，或是继续重复起势的动作多做几次。

解析：脾胃是人体的后天之本，气血生化的源泉。中医认为，脾主升发清气，胃主消降浊气。这一式中，左右上肢松紧配合的上下对拉拔伸，能够牵拉腹腔，对脾胃肝胆起到很好的按摩作用，并辅助它们调节气机，有助于消化吸收，增强营养。

图 13.8　八段锦之第三式调理脾胃须单举

第四式：五劳七伤往后瞧

动作：准备：自然站立，双脚分开约与肩同宽，双手掌心朝前。

起势：缓慢深吸气，在吸气的同时，双手慢慢上举至胸前，掌心朝上。

落势：缓慢深吸气，翻掌掌心朝后下，双手慢慢向下回按，直至双手向后向下撑至最大，同时头转向左后方看即行左式，头往右后方看则行右式；

后可再回到准备动作，再次行至落势头换向另一侧看，即可结束本式，或是继续重复多做几次。

解析：五劳，是心、肝、脾、肺、肾五脏的劳损；七伤，是喜、怒、忧、思、悲、恐、惊的七情伤害。五劳七伤，犹如今天的亚健康；长期劳顿，没有及时休养生息，终究造成损伤的累积。这一式，转头扭臂，调整大脑与脏腑联络的交通要道——颈椎（中医称为天柱）；同时挺胸，刺激胸腺，从而改善了大脑对脏腑的调节能力，并增强免疫和体质，促进自身的良性调整，消除亚健康。

图 13.9　八段锦之第四式五劳七伤往后瞧

第五式：摇头摆尾去心火

动作：准备：自然站立，双脚分开约两肩宽，呈跨开状，蹲成马步，上半身体保持直立，双手虎口相对，轻放于膝盖上方，约大腿中部。

起势：（1）缓慢深吸气，在吸气的同时，身体上半身转至右侧，重心移至右腿，左腿虚成似弓箭步，眼看右前方；

（2）上半身略探向前下方，缓慢移动重心至两脚间略前方，最终重心移动至左腿，右腿虚成似弓箭步，视线随着身体转动，直至眼看左前方，缓慢深呼气。

落势：反方向进行起势的动作。

后可再回到准备动作，再次行至落势头换向另一侧看，即可结束本式，或是继续重复多做几次。

解析：心火者，思虑过度，内火旺盛。要降心火，须得肾水，心肾相交，水火既济。这一式，上身前俯，尾闾摆动，使心火下降，肾水上升，可以消除心烦、口疮、口臭、失眠多梦、小便热赤、便秘等症候。

图 13.10　八段锦之第五式摇头摆尾去心火

第六式：两手攀足固肾腰

动作：准备：自然站立，双脚分开约与肩同宽，双手下垂，掌心朝后。

起势：缓慢深吸气，在吸气的同时，双手上抬至最高处。

落势：（1）缓慢深呼气，双手下压，压至胸部时，反转手腕，虎口朝下，顺着胸肋间按至后背部，此时手之拇指按在肋间，其余四指按住后背处；

（2）双手用力，顺着后背向下滑落，依次划过后腰、后臀、大腿后侧、小腿后侧，直至脚踝处，此时身体随着手臂向下弯折；

（3）在脚踝处时，反转手腕，掌心朝下保持，或是可以双手四指握住脚尖，头尽量向前抬起。

身体慢慢伸直，回到准备动作，即可结束本式，或是继续重复多做几次。

解析：这一式前屈后伸，双手按摩腰背下肢后方，使人体的督脉和足太阳膀胱经得到拉伸牵扯，对生殖系统、泌尿系统以及腰背部的肌肉都有调理作用。

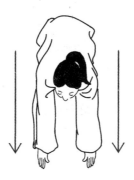

图 13.11　八段锦之第六式两手攀足固肾腰

第七式：攒拳怒目增气力

动作：准备：自然站立，双脚分开约两肩宽呈跨开状，蹲成马步，上半身保持直立，双手握拳，放于腰间。

起势：（1）吸气后缓慢深呼气，在呼气的同时，右拳带动右臂缓慢向前打出，翻转手腕，使拳心朝下；

（2）右拳自小指起，五指慢慢展开，再合拢抓握成拳，拳心朝内，慢慢收回至腰间。

落势：反方向换左手进行起势的动作。完成后即可结束本式，或是继续重复多做几次。

解析：中医认为，肝主筋，开窍于目。这一式马步冲拳，怒目瞪眼，均可刺激肝经系统，使肝血充盈，肝气疏泄，强健筋骨。对那些长期静坐卧床少动之人，因气血多有瘀滞，尤为适宜。

图13.12　八段锦之第七式攒拳怒目增气力

第八式：背后七颠百病消

动作：准备：自然站立，双脚分开约与肩同宽，双手下垂，掌心朝后。

起势：缓慢深吸气，在吸气的同时，提起脚跟，耸起双肩。

落势：缓慢深呼气，在呼气的同时，迅速落下脚跟，放松肩部。

须连续完成七次，在完成后即可结束本式，或是继续重复多做几次。

解析：这一式动作简单，颠足而立，拔伸脊柱，下落振身，按摩五脏六腑。俗话说：百步走不如抖一抖。这一式下落振荡导致全身的抖动，十分舒服，不仅有利于消除百病，也正好可以作为整套套路的收功。

图 13.13　八段锦之第八式背后七颠百病消

第二节　常见的调理方法

一、艾灸

艾灸疗法是以艾叶或者艾绒为主要材料，点燃后在体表穴位或病变部位烧灼、温熨，以达到预防保健和治疗疾病为目的的一种外治方法。作为中医学的重要组成部分，艾灸在治病防病、养生保健等方面有着独特的疗效，利用中医艾灸的方法可以有效改善因雾霾天气带来的诸多不适。正如明朝针灸大师高武《针灸聚英》提出："无病而先针灸曰逆。逆，未至而迎之也"，可以在雾霾天气时，提前艾灸，起到未病先防的作用。

另外，提到艾灸，很多人就会想到火热烧灼，应该是有祛寒的功效。但事实上，艾灸的作用并非是表面上专治"寒性"疾病那么简单。艾灸能通过抗炎机制治疗疾病，通过对免疫细胞的调衡、调控细胞因子的合成分泌及生物学活性、影响血清补体，实现对人体的双向调节作用[11]，既能驱寒，也能退热。灸法是《黄帝内经》时代最主要的治疗方法之一，自古至今的医疗实践和现代中医学的研究结果都表明艾灸具有非常广泛的治疗范围，其治疗病种涉及神经系统、消化系统、心脑血管系统、运动系统、内分泌-代谢性系统疾病，以及感染、肿瘤等[7]。经过现代医学研究证实，在艾疗过程中产生了综合效应：艾点燃后的温热刺激，不仅仅作用在穴位点的浅层组织，而且通过皮肤、脂肪、筋膜、肌肉、骨骼，传递到了骨间膜的神经和血管，沿脊神经周围突等传入神经纤维向上传至脊髓低级中枢后，引起脊髓节段性反射[8]；艾灸的光学红外物理作用导致的热辐射，进一步增强温热刺激[9]；艾叶的主要成分是挥发油，具有芳香疗法的药效作用的成分有桉叶素、樟脑、龙脑、甘菊环等，都有作用，其他检测出的苯石竹烯、石竹素、邻甲基苯酚、对甲基苯酚等26种物质还在继续研究[10]……正如龚居中《红炉点雪》所说，"伟哉艾灸之力，诚非其他药石所能及"。

艾条操作最简单的方法就是，找到穴位后，直接点燃艾条，放置于离皮肤2~3厘米处，或是感觉散发的热度刚刚好能够承受、无灼

图 13.14　中医艾灸

痛感的距离，进行熏烤。一般每处穴位灸 5～10 分钟，至皮肤红晕为度。为了延长每处穴位艾灸的时间，可以将捏住艾条的手做顺时针或逆时针方向的细微转动，或是像鸟雀啄食一样，一上一下地活动，使得艾条的热量均匀分布在穴位及其附近。

接下来，怎样找穴位呢？以下介绍一些较为常用的穴位可以选择。

首先是受雾霾天气影响，出现咳嗽、咽痒等不适症状时，可以选取的穴位：

迎香穴：该穴位于鼻翼旁开 1 厘米左右的皮肤皱纹中，可直接用艾条悬于迎香穴上方灸 10 分钟，艾条应与皮肤保持一定的距离，以免烫伤。灸完迎香穴后，还可用手指轻轻点按该穴，感觉发麻有胀即可，效果会更好。

天突穴：该穴位于胸骨上窝中央，将艾条点燃后，悬于该穴上方，艾灸 10 分钟可以很好地缓解上述不适症状。

膻中穴：该穴位于胸部前正中线上，平第四肋间，两乳头连线的中点。胸闷、呼吸困难、呃逆、咳嗽、气喘、心悸、心烦等，将艾条点燃后，悬于该穴上方，艾灸 10 分钟或是使该处皮肤通红即可。

空气污染与人体健康

　　印堂穴：该穴位于人体的面部，两眉头连线的中点。艾灸印堂穴能够清利头目，通鼻开窍。对于伤风导致的前头痛、鼻塞、鼻炎、目痛、失眠、高血压等症状都有很好的缓解效果。将艾条点燃后，悬于该穴上方，艾灸10分钟或是使该处皮肤通红即可。

　　当上述症状更加严重，出现了咽喉肿痛，咳嗽，头痛，外感发热，扁桃体炎等症状，还可以添加这些穴位：

　　列缺：在前臂的桡骨侧端，桡骨茎突上方，腕横纹上1.5寸，当肱桡肌与拇长展肌腱之间。

　　合谷：位于手背第一二掌骨之间，当第二掌骨桡侧中点处。

　　曲池：屈肘成直角，当肘横纹外侧端与肱骨外上髁连线中点处。

　　内关：腕横纹上2寸，掌长肌腱与桡侧腕屈肌腱之间处。

　　外关：腕背横纹上2寸，尺骨与桡骨之间处。

　　当正气不足，抵抗力低下，总容易感冒时，可以选取以下的穴位：

　　足三里：位于外膝眼下3寸，胫骨前嵴外1横指处。

　　腰阳关：后正中线上，第四腰椎棘突下凹陷中，约与髂嵴相平。

　　命门：后正中线上，第二腰椎棘突下凹陷中。

　　大椎：后正中线上，第七颈椎棘突下凹陷中

　　百会：后发际正中直上7寸，或当头部正中线与两耳尖连线的交点处。

　　关元：前正中线上，脐中下3寸。

　　气海：位于下腹部，前正中线上，当脐中下1.5寸。气海，顾名思义，是人体补气的要穴，对于中气不足，出现形体羸瘦、脏气衰惫、乏力等气虚病症都有很好的效果。

　　　　　　　　　　　　·238·

神阙：位于肚脐窝正中。神阙穴是人体养生保健的要穴，对于防止虚损，增强人体正气有着它穴不可替代的作用，除此之外还能治疗腹痛，泄泻，脱肛，水肿等症。

除了直接将艾条置于皮肤之上进行灸法之外，还有隔姜灸和隔附子饼灸两种方式。隔姜灸是将生姜之温性与艾火之热力相结合的综合治疗方法，能用于一切虚寒、虚损及陷下症，并能用于预防保健。隔附子饼灸，是因为附子的热性较生姜更强，再与艾火之力结合则热量更胜，对于各种呼吸系统疾病、消化系统疾病、运动系统疾病、泌尿生殖系统疾病、内分泌系统疾病虚寒型的治疗效果更好。

二、药浴熏蒸

药浴作为中医内病外治的一种传统疗法源来已久。中医学经典著作《黄帝内经》中的阴阳应象大论篇云："其有邪者，渍形以为汗。"即是强调用药浴熏蒸的方法取汗，来温通经脉，祛邪外出，治疗疾病。东汉时期张仲景将浴法推广于临床，其所著的《伤寒杂病论》记载用百合洗方洗身以治百合病，苦参汤洗浴治疗狐惑病等。在现代临床中，虽然没有用药浴来直接预防雾霾天气的保健疗法，但也常用于治疗咳嗽、鼻炎、支气管炎等呼吸道感染、慢性肺系疾病[12-13]，这些疾病在雾霾天气的发病率明显提高。

根据中医经络学，人体足掌上分布60多个穴位，联结人体内部经络，直达五脏六腑，因此通过浴足的方法能作用到脏腑器官，以治疗疾病，此即中医所谓疏通经络，条畅气血，调和阴阳[14]。现代研究发现，通过药浴，首先，可让某些药物经皮吸收，以渗透及扩散方式进入体内；其次，药物和热量通过刺激神经末梢，反射性的调节神经系统功能，还能引起血管扩张，促进局部和周身的血液及淋巴循环，改善病变部位的缺氧、局部组织营养及全身机能等，从而更好发挥肌体的免疫功能；最后，随着循环及代谢的加快，汗出的增多，有害物质通过毛孔排出增加[15]。这些机制能使得疾病症状改善，如浴足法改善咳嗽、咳痰、鼻塞等呼吸系统各类症状，就是中医所说的通过足部经脉直达具有宣发肃降功能的"肺"。而全身的熏蒸，则跟药物接触的体表面积更大，能够刺激到的穴位更多，效果也更佳。

图 13.15　足浴熏蒸

现将常用的药浴方法介绍如下：

（1）有助于提高免疫力：党参 50 克，黄芪 50 克，桂枝 30 克，防风 20 克。

足浴法：上述药物加清水约 500 毫升，武火煮开后文火煎煮 30 分钟，与约 2000 毫升热水一同倒入泡脚桶，先熏蒸，待水温适宜后放入双足足浴 30 分钟。

沐浴法：煎煮方法同上，倒入热水，待水温适宜后热浴，并让鼻吸蒸气。

（2）有助于缓解感冒症状：麻黄 30 克，艾叶 30 克，防风 20 克，白芷 30 克，夏枯草 30 克。

足浴法：上述药物加清水约 500 毫升，武火煮开后文火煎煮 30 分钟，与约 2000 毫升热水一同倒入泡脚桶，先熏蒸，待水温适宜后放入双足足浴 30 分钟。

沐浴法：煎煮方法同上，倒入热水，待水温适宜后热浴，并让鼻吸蒸气。

（3）有助于缓解咳嗽症状：

寒咳：干姜 30 克，细辛 15 克，五味子 20 克，百部 30 克，附子 15 克，杏仁 30 克。

热咳：鱼腥草 50 克（鲜品可用 100 克），枇杷叶 30 克，蒲公英 30 克，杏仁 30 克。

足浴法：上述药物加清水约 500 毫升，武火煮开后文火煎煮 30 分钟，与约 2000 毫升热水一同倒入泡脚桶，先熏蒸，待水温适宜后放入双足足浴 30 分钟。

沐浴法：煎煮方法同上，倒入热水，待水温适宜后热浴，并让鼻吸蒸气。

（4）有助于化痰止咳：陈皮 30 克，半夏 20 克，百部 30 克，紫苑 20 克，款冬花 20 克，远志 20 克。

足浴法：上述药物加清水约 500 毫升，武火煮开后文火煎煮 30 分钟，与约 2000 毫升热水一同倒入泡脚桶，先熏蒸，待水温适宜后放入双足足浴 30 分钟。

沐浴法：煎煮方法同上，倒入热水，待水温适宜后热浴，并让鼻吸蒸气。

（5）有助于缓解心功能异常：桂枝 30 克，丹参 15 克，川芎 15 克，党参 30 克，黄芪 30 克。

足浴法：上述药物加清水约 500 毫升，武火煮开后文火煎煮 30 分钟，与约 2000 毫升热水一同倒入泡脚桶，先熏蒸，待水温适宜后放入双足足浴 30 分钟。

沐浴法：煎煮方法同上，倒入热水，待水温适宜后热浴，并让鼻吸蒸气。

（6）有助于改善高脂血症：冬瓜皮 100 克，山楂 30 克，荷叶 30 克，泽泻 20 克，虎杖 20 克，陈皮 20 克。

足浴法：上述药物加清水约 500 毫升，武火煮开后文火煎煮 30 分钟，与约 2000 毫升热水一同倒入泡脚桶，先熏蒸，待水温适宜后放入双足足浴 30 分钟。

沐浴法：煎煮方法同上，倒入热水，待水温适宜后热浴，并让鼻吸蒸气。

（7）有助于缓解抑郁症状：郁金 20 克，柴胡 20 克，合欢皮 20 克，夜交藤 20 克，香橼 20 克，青皮 20 克。

足浴法：上述药物加清水约 500 毫升，武火煮开后文火煎煮 30 分钟，与约 2000 毫升热水一同倒入泡脚桶，先熏蒸，待水温适宜后放入双足足浴 30 分钟。

沐浴法：煎煮方法同上，倒入热水，待水温适宜后热浴，并让鼻吸蒸气。

俗话说："三分治，七分养，十分防"，可见养生预防的重要性。很多人的意识里人只有到了老年或是疾病来临才需要养生保健，其实不然。中医认为预防、养生、保健是一条漫长的道路，贵在坚持。尤其是，当空气污染加速身体机能的下降之时，更应该看到这些方法的可贵之处，尽早行动起来。

本章主要介绍了运动、艾灸、药浴熏蒸的保健方法，用于增强体质，间接抵御空气污染。其实，各种各类的方法并不稀奇，但所贵者，持之以恒也。无论是食疗、药浴，还是导引运动等方法，要在中医理论指导下，选择适合自己的一种或者几种方法结合运用，坚持下去，不因某些惰性而放弃，正如《庄子·养生主》所云："可以保身，可以全生，可以养亲，可以尽年"，从而达到宝命全形、益寿延年的目的。

参考文献：

[1] 龚博敏. 国际文化视野下八段锦价值解析 [J]. 中医药文化，2016，11（4）：37-40.

[2] 张博. 太极拳对脑卒中患者运动障碍的临床康复研究 [D]. 哈尔滨体育学院硕士学位论文，2016.

[3] 王硕. 浅析陈氏太极拳对人体机能的影响 [J]. 武术研究，2018，3（11）：64-65，82.

[4] 刘静，陈佩杰，邱丕相，陈新富. 长期太极拳运动对中老年女性心肺机能影响的跟踪研究 [J]. 中国运动医学杂志，2003（3）：290-293.

[5] 刘静，赵文楠，袁咏虹. 太极拳练习对慢性非特异性下背痛患者作用的事件相关电位研究 [J]. 中国运动医学杂志，2018，37（10）：826-832.

[6] 王士赵，何亚梅. 太极拳对人体生理及心理功能的影响 [J]. 长春师范大学学报，2015，34（8）：111-113.

[7] 韩明娟. 单纯艾灸优势病种筛选的文献计量分析 [A]//中国针灸学

会.2017 世界针灸学术大会暨 2017 中国针灸学会年会论文集［C］.2017：2.

［8］和蕊，赵百孝.针感灸感及其感传机制的研究进展［J］.针刺研究，2019，44（4）：307-311.

［9］Gui-Ying Wang, Ling-Ling Wang, Bin Xu, Jian-Bin Zhang, Jin-Feng Jiang and Gerhard Litscher. Effects of moxibustion temperature on blood cholesterol level in a mice model of acute hyperlipidemia: Role of TRPV1［J］. Evidence-Based Complementary and Alternative Medicine, 2013.

［10］惠鑫，黄畅，王昊，韩丽，和蕊，赵百孝.艾烟在艾灸中的作用机制及安全性［J］.世界中医药，2017，12（9）：2246-2251.

［11］于茜楠，陈以国.针灸对固有免疫双向调节研究简况［J］.实用中医内科杂志，2015，29（3）：137-139.

［12］熊浪，杨三春.中药口服联合浴足治疗 COPD 稳定期肺肾气虚证患者临床疗效观察［J］.江西中医药，2018，49（2）：43-45.

［13］金立娟.益肺强心汤及中药足浴改善慢性肺源性心脏病患者生活质量效果研究［J］.四川中医，2018，36（11）：75-78.

［14］孙秀娟，周春祥.药浴疗法作用机理探析［J］.江西中医学院学报，2007（5）：25-26.

［15］孙德仁，夏慧萍.中药药浴与少儿养生保健及亚健康调理［J］.光明中医，2018，33（19）：2810-2812.

改善空气质量，保护绿色地球

空气分层覆盖于地表，其无色透明又无处不在。在地球上，空气是我们每天呼吸的"生命气体"，无论是动物呼吸，还是植物光合作用，都离不开它。人类或许可以在没有食物的状况下生存五六个星期；在没有水的情况下存活五六天；但如果没有空气，就连坚持五六分钟都很难。人离不开空气，正如鱼儿离不开水，空气对于人类的重要性不言而喻。

空气不仅仅是让人能够"活下去"，更让人能够维持正常的精神和思考。除满足人体最基本的生存需求外，众所周知，空气中的氧气能够促进血液健康循环，利于大脑思维更加清晰，能安抚神经、镇静思想，保持身体活力，是人类得以在地球上维持生存、克服困难的必要条件。而新鲜纯净的空气具有充足的含氧量，无疑会给人类提供更加舒适和健康的生存环境。

但是随着全球工业化进程加快，工厂烟囱接踵林立、汽车尾气排放加剧，各式各样的空气污染尾随而至，污染状况也愈发升级，空气中所含的有害物质越来越多，给人类的生产生活带来了诸多麻烦。

跟随空气四处蔓延的污染物，与水分、灰尘等物质相互"勾结"，在天空中织就了一个满载"阴谋"的大网，酸雨、雾霾等灾害性天气纷至沓来，成了人类健康道路上的"拦路虎"。

每到空气污染严重的天气，各大医院都是挤满了前来问诊就医的患者。在恶劣空气状况的触发下，越来越多人罹患咳嗽、过敏、呼吸系统疾病、心脑血管疾病、肿瘤，甚至癌症，这些疾病不仅影响着人们的健康，还缩短了人们的寿命。因此，还给大众在蓝天下的健康生活，正变得迫在眉睫。

近年来，习近平总书记曾多次表达了对人民健康福祉的密切关注，并提出"没有全民健康，就没有全面小康"。党的十八大以来，以习近平为总书记的党中央，把人民身体健康作为建成小康社会的重要内涵，从维护全民健康和实现国家长远发展出发，提出了"健康中国"的重要性。而空气质量的改善，正是提升人民健康水平的重要途径之一！

此外，恶劣的空气环境还会破坏和谐，引发诸多不安定。

从全球范围来看，持续频发的空气污染，早已演变成为各国共同面临的挑战，而不再是个别城市或国家单独面对的问题，环境难民的数量更是与日俱增。

在环境难题面前，中国作为负责任的发展中大国，在应对气候变化、完善全球治理等问题的处理上，一直扮演积极的角色，展现中国担当，贡献中国智慧。但是有些国家却在当前经济利益和长远可持续发展的博弈之间难以坚持立场，甚至宣布退出《巴黎协定》，在很大程度上阻碍了当前国际环保和低碳经济发展的进程。

就日常生活而言，室内空气环境的恶化，往往容易造成人际关系的紧张。全球各国由于室内空气污染而引起的装修公司与业主之间、雇员与雇主之间、房东与房客之间的纠纷时有发生，甚至会引起法律争端等问题，不仅占用着大量的人力和物力，而且还影响着社会的安定与和谐。

事实上，空气质量下降不仅要以人类健康及安定和谐来"买单"，而且还要支付巨额的经济成本。一方面，不健康的空气会降低人们的工作效率，在造成疾病后，还会产生缺勤与就医的费用。据《美国医学杂志》报道，仅在美国，每年因呼吸道感染就医的人数就达到了7500万人次，每人每年估计损失1.5个工作日，因缺勤而造成的损失高达590亿美元。另一方面，雾霾等空气污染问题造成的灾害天气，对公路、铁路、航空、航运、供电系统、农作物生长等生产生活活动构成消极影响，每年的损失数量令人瞠目结舌。此外，空气中的有害物质、粉尘等，不仅会对建筑、器具、用品等表面造成污染和腐蚀，还极易渗透到细微的裂纹中，并吸水膨胀，致使裂纹迅速扩张，不仅会对建筑物造成损害，缩短其原有的使用寿命，增加维护成本，还会破坏人类宝贵的文明古迹，加速这些遗迹纳入历史的进程。

要解决局部单一的空气污染问题不难，但要从宏观整体角度去应对却并不容易，因为如今空气污染问题往往会和气候变化、环境问题交织在一起。灾害性天气不会仅仅止步于一场酸雨、几天雾霾那么简单，它们会联合起来侵犯着人类的生存家园。空气作为环境不可或缺的一部分，与其他环境因素相互影响作用，当其他因素遭到破坏时，空气也很难做到"独善其身"。例如我国北方大部分地区雾霾天气的形成，往往与沙漠化扩张，草原退化加剧，森林资源锐减，工业废弃物增加，汽车尾气排放上升，固体废弃物丢弃等诸多因素有着密切的联系。

空气污染的形成过程复杂而又漫长，因此改善空气质量也是一个极其复杂的系统工程，无法一蹴而就，需要一定时间消化。只要多方面共同努力，加强对环境的保护，空气污染也并非是个令人束手无策的难题。正如历史上的伦敦一样，通过多方不懈努力，最终成功摘掉了"雾都"的帽子。

2014年2月，习近平总书记在北京考察时曾指出：应对雾霾污染、改善空气质量的首要任务是控制$PM_{2.5}$，要从压减燃煤、严格控车、调整产业、强化管理、联防联控、依法治理等方面采取重大措施，聚焦重点领域，严格指标考核，加强环境执法监管，认真进行责任追究。

保护森林草原资源，大力推广植树造林，提高工业管理水平，节约降低能耗，加强能源管理，采用清洁生产，调整产业结构，发展低碳经济，倡导低碳生活等举措能够帮助我们加快治理进度。只要树立环保意识，人人从我做起，坚持为环保事业付出、有所贡献，就能切实减少雾霾等空气污染的灾害天气。

与历史上诸多先污染后治理的发达国家不同，我国党和政府在推进生态文明建设方面具有鲜明的态度和坚定的决心，始终将建设生态文明作为关系人民的福祉、关乎民族未来的大计，是实现中华民族伟大复兴中国梦的重要内容。

近年来，习近平总书记一直强调"绿水青山就是金山银山"，并指出"要正确处理好经济发展同生态环境保护的关系，牢固树立保护生态环境就是保护生产力、改善生态环境就是发展生产力的理念"。因此，我们要按照尊重自然、顺应自然、保护自然的理念，贯彻节约资源和保护环境的基本国策，把生态文明建设融入经济建设、政治建设、文化建设、社会建设各方面和全过程，建设美丽中国，努力走向社会主义生态文明的新时代。

关于人民对于未来的畅想，习近平总书记曾做过详细的阐述："我们的人民热爱生活，期盼有更好的教育、更稳定的工作、更满意的收入、更可靠的社会保障、更高水平的医疗卫生服务、更舒适的居住条件、更优美的环境，期盼着孩子们能成长得更好、工作得更好、生活得更好。"

"美丽中国"和"健康中国"从来都不是割裂存在的，改善空气质量、保护绿色地球不仅能够为自己和子孙后代营造一个更加美好的生存环境，还能提高人体的健康水平，提升人们的生活质量。

地球村的美丽风景需要我们每一个人共同维护！

后 记

　　本书从策划到出版经历整整两年。两年间，经过中国科学院城市环境研究所和中国中医研究所数十位专家的共同努力，使本书得以顺利出版。在此，特别对本书的作者郑煜铭（第一章至第五章）、赵红霞（第六章至第十三章）、李翎（第六章至第十一章）、吴道祥（第一章）、豆帅（第二章）、邵再东（第三章）、晨曦（第三章）、钟鹭斌（第四章）、陈江萍（第四章）、吴仁香（第五章），和全书策划统筹编辑杨少华、温霖、耿颖等人表示诚挚的谢意。

　　本书从近几年大众密切关注的空气污染问题入手，从环境科学和健康防护两个角度详细地阐明了空气污染对人体健康的危害，并根据不同的情况，提出了控制空气污染的方法、建议以及保护人体健康的防护措施。更难能可贵的是本书不仅提供了外在控制、防护的科学方法，还从中医养生的角度，提供了增强人体自身的抵抗力与修复能力以降低空气污染对人体危害的方法，包括食养、运动、艾灸、药浴熏蒸等传统疗养方式，为人体健康止损。

　　本书是中国科学院城市环境研究所和中国中医研究所的专家携

手在空气污染健康防护领域的探索和尝试。希望其中的专业科学知识、健康防护方法能对广大群众应对空气污染、保持身体健康方面有所启发和帮助。未来，各位专家学者将继续在此领域深耕不辍，加强合作，为实现习近平总书记提出的"人人享有健康"的共同愿景做出应有的努力。

本书编写组